Ferit Serkan Akdoğan

Çatı Oluklarında Oluşan Değişik Akımlar

Ferit Serkan Akdoğan

Çatı Oluklarında Oluşan Değişik Akımlar

Türkiye Alim Kitapları

Impressum / Yayınevi adı
Bibliografische Information der Deutschen Nationalbibliothek: Die Deutsche Nationalbibliothek verzeichnet diese Publikation in der Deutschen Nationalbibliografie; detaillierte bibliografische Daten sind im Internet über http://dnb.d-nb.de abrufbar.

Deutsche Nationalbibliothek tarafından yayınlanan bibliyografik bilgiler: Deutsche Nationalbibliothek, bu yayını Deutsche Nationalbibliografie'de listeler; detaylı bibliyografik bilgi İnternet'te http://dnb.d-nb.de sitesinde mevcuttur.

Coverbild / Kitap kapağı resmi: www.ingimage.com

Verlag / Yayıncı:
Türkiye Alim Kitapları
ist ein Imprint der / yayınevinin bir ticari markasıdır
OmniScriptum GmbH & Co. KG
Heinrich-Böcking-Str. 6-8, 66121 Saarbrücken, Deutschland / Almanya
Email / E-posta: info@turkiye-alim-kitaplary.com

Herstellung: siehe letzte Seite /
Basım yeri: son sayfaya bakın
ISBN: 978-3-639-67068-4

ÇATI OLUKLARINDA OLUŞAN DEĞİŞİK AKIMLARIN DENEYSEL VE TEORİK ARAŞTIRILMASI

ÖZET

Büyük kapalı alanlarda yağmur suyunun çatı oluklarında toplanıp yer altı sistemine ulaştırılırken estetik hususlara ilave olarak yağmur suyu toplama sisteminin güvenilir olması da önemlidir. Son yıllarda Türkiye'de yaygın olarak uygulanan sifonik yağmur suyu drenaj sistemleri oldukça büyük debileri çok az düşey iniş borusuyla kanalizasyon sistemlerine ulaştırmaktadır.

Sifonik yağmur suyu sistemlerinin tasarımında kullanılacak parametrelerin belirlenmesi için deneysel çalışmaların yapılması ve bu çalışmaların değerlendirilmesi gerekmektedir. Bu tür sistemlerde genellikle basınçlı akım oluşmakta ancak zaman zaman sisteme hava karışarak akım şartları bozulmaktadır. Bu durum teorik hesap yapmayı imkansız hale getirebilmekte ve bazı kabuller yapılmasını gerektirmektedir. Bu kabuller deneysel gözlemlere dayanmalıdır.

Bu çalışmada Dokuz Eylül Üniversitesi İnşaat Mühendisliği Bölümü Hidrolik Laboratuarında tesis edilen bir deney sisteminde değişik akım şartları oluşturularak yağmur suyu sisteminin gözlemlenmesi amaçlanmıştır. Farklı iki boru hattında değişik debi değerleri için basınç ölçümleri gerçekleştirilmiş ve akım türleri belirlenmiştir. Diğer taraftan boru hatlarında oluşan sürekli ve yersel enerji kayıpları ölçülmüş, sürtünme katsayısı ve yersel enerji kayıp katsayıları belirlenmiştir. Deneysel olarak belirlenen katsayılar kullanılarak hesaplanan teorik değerler ölçülen değerler ile karşılaştırılarak yorumlanmıştır.

Anahtar sözcükler: Sifonik akım, yağmur suyu toplama sistemi, sürtünme katsayısı, yersel enerji kayıp katsayıları, çatı olukları.

EXPERIMENTAL AND THEORETICAL STUDY OF VARIOUS FLOWS ALONG ROOF FLUMES

ABSTRACT

In the closed large areas, when the rain water is collected to transmit it from roof flumes into the underground system, it is important that the collection system is safe in addition to aesthetic considerations.

The siphonic rain water drainage systems which are spreadly applied in Turkey, convey quite large discharges to the canalization system by using only a few number of vertical descending pipes.

It is necessary to carry out and evaluate experimental studies in order to determine the parameters used in designing of the siphonic rain water drainage system. In such systems, generally the pressurized flow occurs, but from time to time the flow conditions are perturbated because air entertainment. This situation makes the theoretical calculation impossible and some assumptions are required. These assumptions must be based on experimental observations.

In this study, it is intended to observe the rain water drainage system for different flow conditions in the experimental system established in the Hydraulic Laboratory within the Civil Engineering Department of Dokuz Eylül University. The pressure measurements are performed on two different pipe layouts and the types of flow are identified. On the other hand, the friction and local head losses are measured, so friction factor and local head loss coefficients are determined experimentally. The measured pressure heads are compared with the theoretical ones calculated by means of the friction factor and local head loss coefficients determined experimentally.

Keywords: Siphonic flow, rain water drainage system, friction factor, local head loss coefficient, roof flumes.

İÇİNDEKİLER

Sayfa

BÖLÜM BİR

GİRİŞ

1.1 Çalışmanın Amacı

Yağmur suyunu çatıdan yağmur suyu drenaj sistemine ulaştıran klasik yağmur suyu toplama sistemine alternatif olarak ortaya çıkan ve özellikle büyük çatı alanlarında kullanılan, tam dolu akış özelliklerinden yararlanarak büyük debileri tahliye edebilen sifonik yağmur suyu sistemlerinin nasıl ve hangi şartlarda çalıştığı deneyler ile gözlenerek, elde edilen sonuçların teorik bilgiler ışığında değerlendirilmesi amaçlanmıştır.

1.2 Daha Önce Yapılmış Çalışmalar

Yurtiçi ve yurtdışı kaynaklar taranarak daha önce yapılmış çalışmalara ulaşılmaya çalışılmıştır.

Son yıllarda ülkemizde, yurtdışı kaynaklı bazı kuruluşların temsilciliklerini alan ticari firmaların sifonik yağmur suyu tahliye sistemleri tasarladıkları ve bu konu ile ilgili bir çok broşür yayınladıkları dikkati çekmektedir. Ancak ticari amaçlarla hazırlanan bu broşürlerde, oluşan akım ile ilgili teorik bilgiler yer almamakta, yalnızca sistemin olumlu yanlarından bahsedilip, projelendirme aşamasının detayları verilmemektedir.

Meslek kuruluşları tarafından düzenlenen sempozyumlarda birkaç bildiriye rastlanmıştır. Bu bildirilerde pratik uygulamaya yönelik sayısal ipuçları verilmektedir.

1.3 Çalışmanın Kapsamı

Hazırlanan deney düzeneğinde yağmur etkisi oluşturulmuştur. Değişik debilerin oluşturulduğu çatı oluğunu temsil eden dikdörtgen kanaldaki akış incelenmiştir. Bu debilerin, kanalın memba ve mansabına yerleştirilen giriş elemanları ile toplama sistemindeki etkileri gözlenmiştir. Giriş elemanlarının sifonik akış şartlarını nasıl etkilediği, hangi durumlarda sisteme hava karıştığı hangi durumlarda sistemde tam dolu akışın oluştuğu araştırılmıştır. Değişik debilerde giriş ağızlığı, dirsek ve boru boyunca oluşan yersel ve sürekli kayıpları hesaplamak üzere piyezometre okumaları gerçekleştirilmiştir. Sistem üzerinde yapılan deneylerde ölçülen basınçlar, deneylerle bulunan sürekli ve yersel kayıplara ait katsayılar yardımıyla hesaplanan teorik değerlerle karşılaştırılmıştır.

BÖLÜM İKİ

MEVCUT YAĞMUR SUYU TOPLAMA SİSTEMLERİ

2.1 Klasik Yağmur Suyu Toplama Sistemleri

Klasik yağmur suyu toplama sistemlerinde toplanan su, çatı oluğuna bağlı bir çok iniş borusu ile yere indirilir. Eğer kanalizasyona bağlanacaksa ayrıca yer altında toplanarak kanalizasyona bağlanır. (Şekil 2.1)

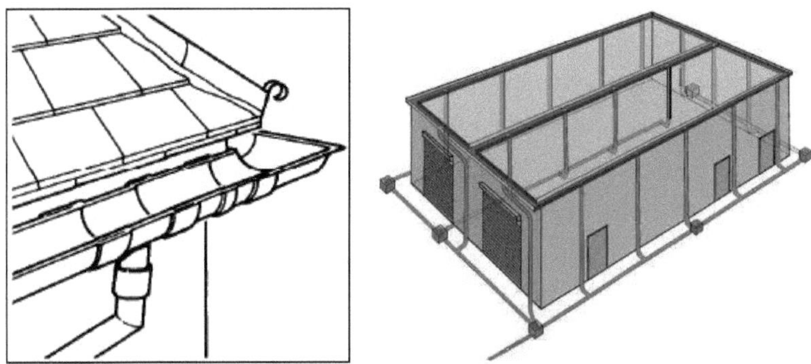

Şekil 2.1 Klasik yağmur suyu toplama sistemi. (Fullflow Kataloğu)

Klasik yağmursuyu toplama sisteminde akış, çatı oluklarından gelen suyun iniş borusuna hava ile karışarak girmesi ve kendi ağırlığı ile düşmesi ile oluşmaktadır. (Şekil 2.2)

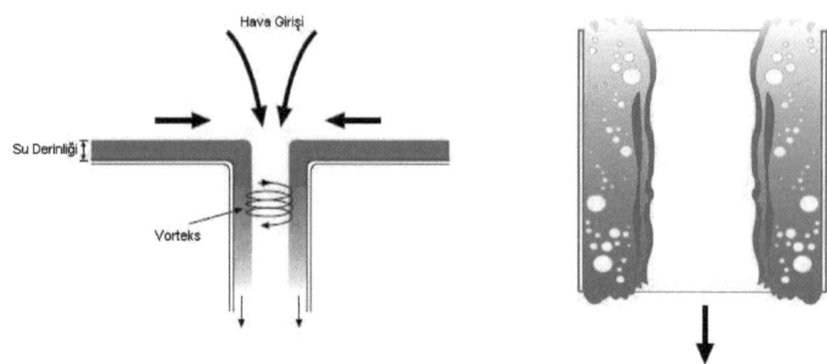

Şekil 2.2 Klasik yağmur suyu sisteminde düşey akış. (Fullflow Kataloğu)

Su – hava karışımı oluşan vorteks nedeniyle boru içinde spiral hareket ederek yere ulaşır. Su – hava karışımı ile oluşan çift fazlı akışı sağlamak için düşeyde çapı, yatayda ise eğimi arttırmak gerekmektedir. Oldukça düşük kapasiteyle çalışan klasik sistemde büyük debileri tahliye etmek için çok sayıda düşey iniş borusuna ihtiyaç duyulmaktadır. (Şekil 2.3)

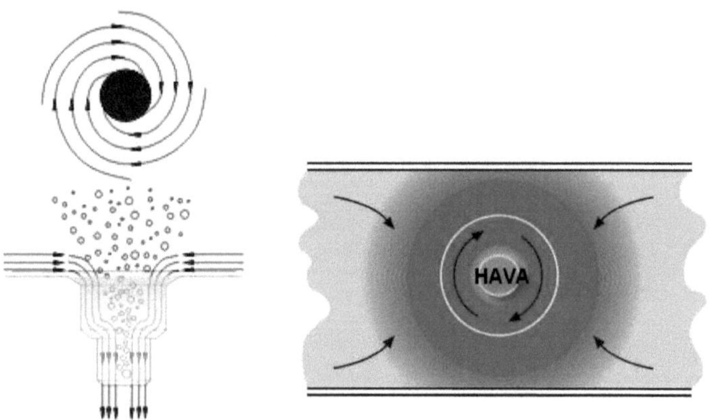

Şekil 2.3 Klasik yağmur suyu sisteminde vorteks oluşumu. (Fullflow Kataloğu)

2.2 Sifonik Yağmur Suyu Sistemleri

Sifonik yağmur suyu sistemleri olarak adlandırılan yağmur suyu toplama sistemlerinde; çatı oluklarında toplanan yağmur suyu, özel tasarlanmış patentli giriş ağızlıkları ile vorteks oluşturmadan dolayısıyla hava ile karışmadan toplama borusuna girer. Sifon etkisi ile çatı oluklarında biriken yağmur suyu oldukça hızlı bir şekilde tahliye edilir. Toplama sisteminde tam dolu akış sağladığı sürece büyük debiler klasik sisteme oranla daha küçük çaplar ile tahliye edilebilmektedir. 1960'lı yıllardan günümüze uygulanan sifonik sistemde yağmur suyu çatı altında askılanan yatay toplama sistemi ile toplanmakta ve çoğu kez bir adet düşey iniş borusu ile kanalizasyona bağlanabilmektedir. (Şekil 2.4) Bu sayede sifonik yağmur suyu toplama sistemi yapının görselliğini bozmadan yağmur suyunu tahliye ettiği söylenebilir. Yatırım maliyetleri açısından ise fayda maliyet analizi yapılmalıdır. Bu çalışma kapsamında yatırım maliyeti konusunda bir inceleme yapılmamıştır.

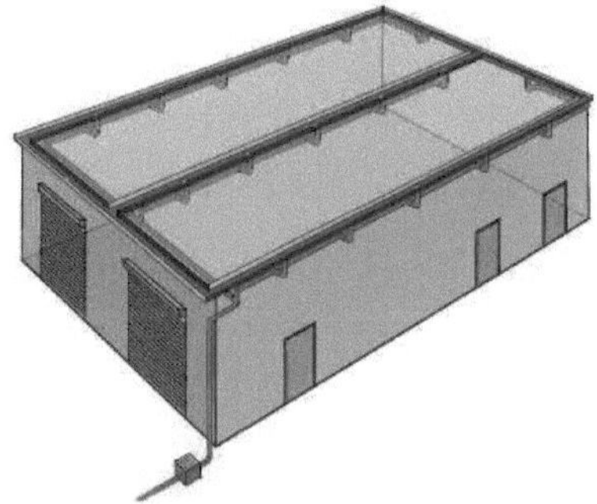

Şekil 2.4 Sifonik yağmur suyu toplama sistemi.
(Fullflow Kataloğu)

Tam dolu akışı sağlamak için yağmur suyunun çatı oluklarından boruya girişinde örneğin Şekil 2.5'te gösterilen patenti Fullflow şirketine ait özel giriş ve bağlantı elemanlarından birini kullanmak gerekmektedir. Değişik şirketler tarafından da üretilen bu özel giriş ve bağlantı elemanları boru girişinde oluşacak vorteksi engelleyerek toplama sistemine hava girişini zorlaştırmaktadır. (Şekil 2.6) Klasik sistemde ise çevrintiler ile ilgili bir önlem alınmamaktadır.

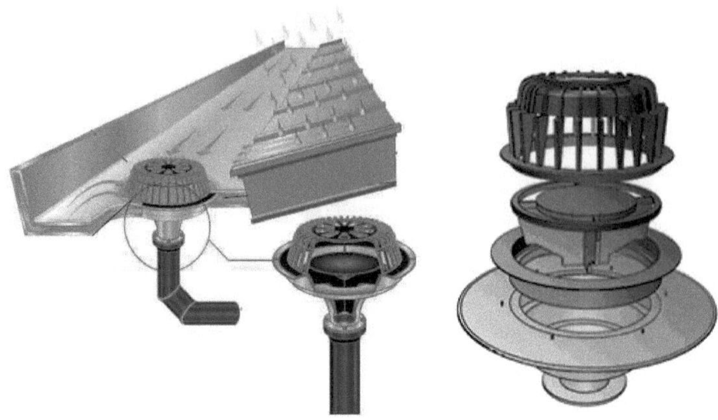

Şekil 2.5 Sifonik yağmur suyu sisteminde çatı oluğu ve giriş elemanı. (Fullflow Kataloğu)

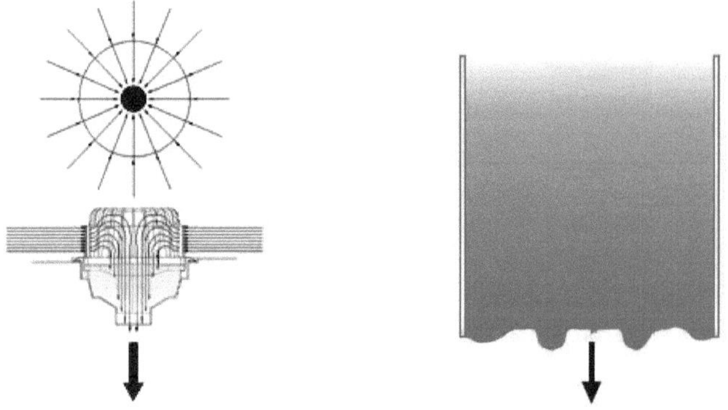

Şekil 2.6 Giriş elemanı ve vorteks oluşumunun engellenmesi. (Fullflow Kataloğu)

Sifonik yağmur suyu sistemlerinde boru çapları klasik sisteme oranla daha küçüktür. Bu nedenle toplama sistemi içine girecek yabancı maddeler akımı zorlaştıracak ve tıkanmalara yol açacaktır. Giriş yapılarında vorteksi engelleyecek eleman ile birlikte yabancı maddeleri tutacak ama suyun girişini engellemeyecek şekilde süzgeç yada ızgara benzeri bir eleman gereklidir. (Şekil 2.7)

Şekil 2.7 Fullflow patentli Giriş elemanı detay parçaları. (Fullflow Kataloğu)

BÖLÜM ÜÇ

DENEY DÜZENEĞİ VE ÖLÇÜM CİHAZLARI

3.1 Deney Düzeneği

Deney düzeneği performans eğrileri Ek-1'de verilen bir pompa ile beslenmektedir. Pompa emme havuzu su kotu ile yağmur suyu borusu arasında 4 metre kot farkı vardır. 10 metrelik dikdörtgen kanal üzerindeki bu boruda yağmur oluşturmak için yaklaşık 10 cm aralıklarla delikler açılmıştır. (Şekil 3.1)

Şekil 3.1 Yağmur suyu besleme borusu.

Çatı oluğunu temsil etmek üzere 30 cm derinliğinde, 20 cm genişliğinde ve 10 metre uzunluğunda dikdörtgen kesitli yatay bir kanal kullanılmıştır. Kanalın tabanı ve bir yüzeyi metal, diğer yan yüzeyi oluşan akımı gözlemleyebilmek için plexyglass'tan imal edilmiştir. (Şekil 3.2)

Şekil 3.2 Yağmur suyu toplama kanalı.

Debinin artması ile deliklerden yüksek hızda çıkan suyun, oluk içindeki akımı rahatsız etmesini önlemek için kanalın üstüne saç ızgara ve bu ızgara üzerine plastik paspas malzemesi döşenmiştir. (Şekil 3.3)

Şekil 3.3 Sakinleştirme malzemesi.

Kanalın iki ucuna özel giriş elemanları monte edilmiştir. (Şekil 3.4 ve Şekil 3.5)

Şekil 3.4 Kanal memba ucundaki giriş elemanı ve detay parçaları.

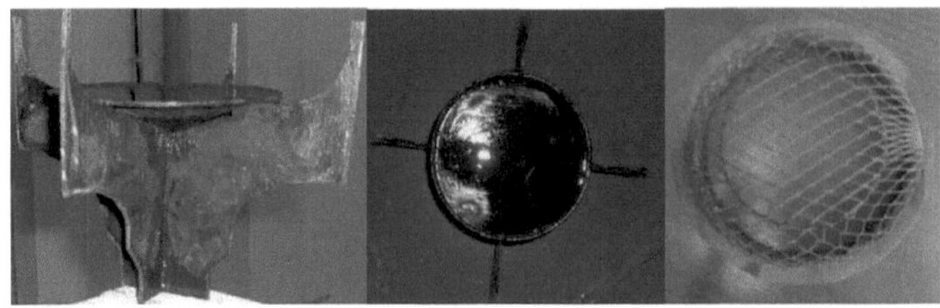

Şekil 3.5 Kanal mansap ucundaki giriş elemanı detay parçaları.

Giriş elemanlarından birisi toplama kanalı altında, kanal boyunca uzanan 75 mm dış çaplı, 2,9 mm et kalınlıklı HPDE toplama borusuna bağlantı elemanı ile bağlanmıştır. I numaralı bu hat 90° dirsek sonrasında 9,40 metre yatay olarak gitmektedir. Yatay boru sifonik yağmur suyu sistemlerinde olduğu gibi askı aparatları kullanılarak deney düzeneğinde dikdörtgen kanal altına askılanmıştır. Boru 90° dirsek ile düşey bir boruya bağlanmıştır. 2,94 metre düşey inen boru yine 90° dirsek sonrasında 2 metre yatay giderek 90° dirsek ile atmosfere açılmaktadır.
(Şekil 3.6, Şekil 3.8 ve Şekil 3.9)

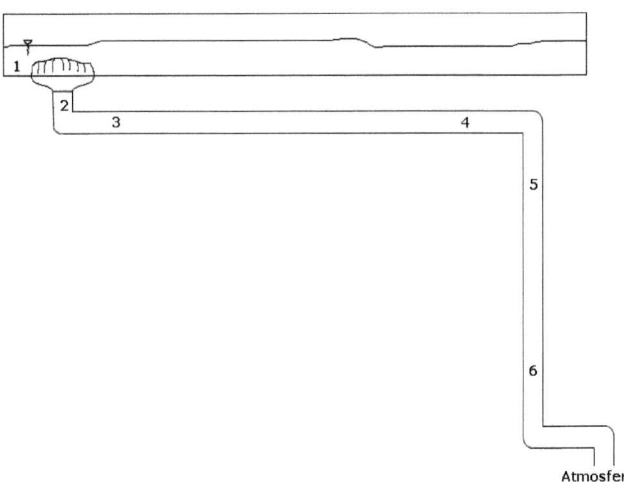

Şekil 3.6 I numaralı hat.

II numaralı diğer hat ise direkt olarak aşağı inen bir boruya bağlantı elemanı ile bağlanmıştır. 2,84 metre düşey mesafe kat ettikten sonra 90° dirsek sonrasında 1,80 metre yatay giderek 90° dirsek ile atmosfere açılmaktadır. (Şekil 3.7, Şekil 3.8 ve Şekil 3.9)

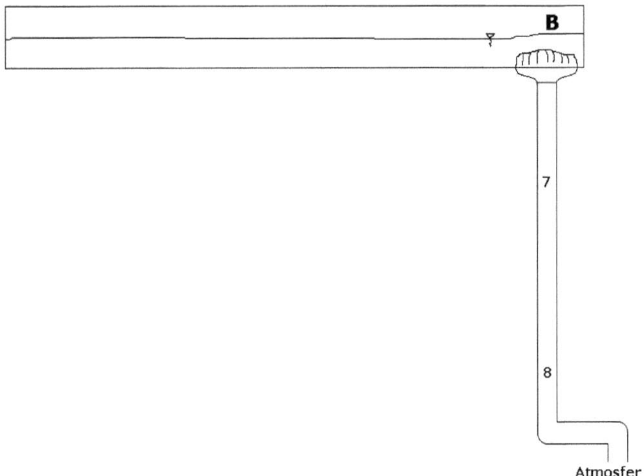

Şekil 3.7 II numaralı hat.

Şekil 3.8 I ve II numaralı hatlar.

Şekil 3.9 Deney düzeneği genel görünümü.

Şekil 3.9'da genel görünümü verilen deney düzeneğinde her iki hattan gelerek atmosfere açılan borular, tahliye ettikleri suyu debinin ölçüldüğü üçgen savak haznesine boşaltmaktadır. Üçgen savak üzerindeki su yükü bir piyezometre borusu ile okunmaktadır. (Şekil 3.10)

Şekil 3.10 Üçgen savak haznesi

Borular üzerinde piyezometre okumaları yapmak üzere 8 mm'lik delikler açılmıştır. Bu delikler 75 mm'lik kelepçeler ile piyezometre hortumlarına bağlanmıştır. (Şekil 3.11)

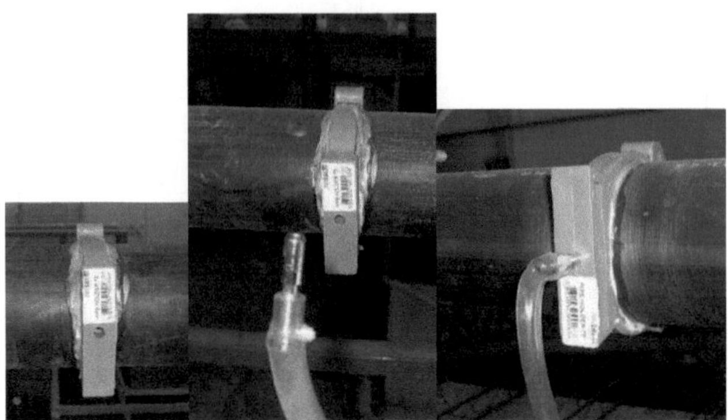

Şekil 3.11 Piyezometre bağlantısı

Yağmur suyu toplama kanalını ve kanal yanında uzanan platformu bir iskele taşımaktadır. Platform üzerinde piyezometre okumaları yapılabilmekte ve değişik şartlarında oluşan su yüzü profilleri ile giriş elemanları etrafında oluşan akım gözlenebilmektedir. (Şekil 3.12 ve Şekil 3.13)

Şekil 3.12 Deney düzeneği ve platformu.

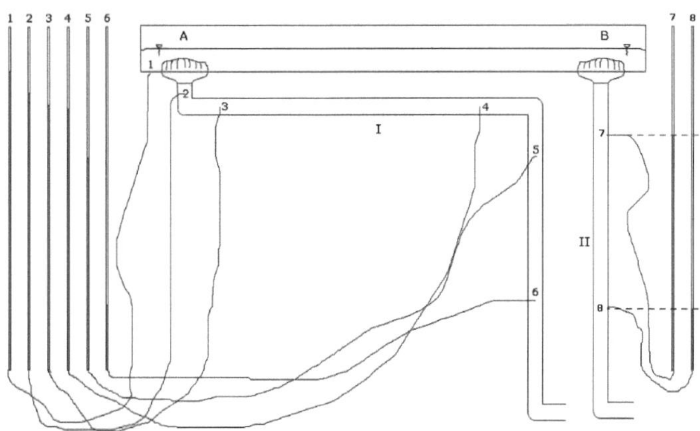

Şekil 3.13 Deney düzeneği üzerindeki ölçüm noktaları.

3.2 Ölçüm Cihazları

3.2.1 Üçgen Savak

Sistemde debi değiştirilerek değişik akım şartları oluşturulmuştur. Şekil 3.14'te verilen vana ile ayarlanan debi üçgen savak ile ölçülmektedir. (Şekil 3.15) Yapılan kalibrasyon sonucunda, debi ile üçgen savak yükü H arasında $Q = C \times H^{5/2}$ formuna uyan bir ilişki elde edilmiştir. $Q = 0{,}0174 \times H^{5/2}$ (Şekil 3.16)

Şekil 3.14 Debiyi değiştirmek için kullanılan vana.

Şekil 3.15 Üçgen savak ve debi ölçümü.

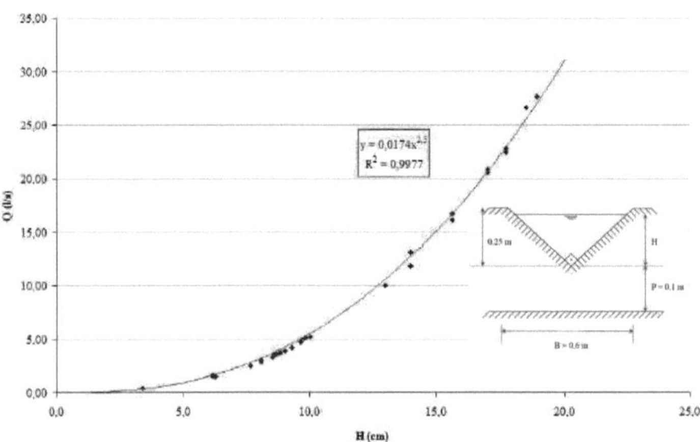

Şekil 3.16 Debi – savak yükü arasındaki ilişki.

3.2.2 Basınç Ölçümü

Hem I ve II numaralı hat üzerinde, giriş ve bağlantı elemanlarında ve dirseklerde oluşan yersel kayıpları ölçmek hem de değişik akım şartlarında ilgili noktalarda basıncı ölçmek amacıyla giriş elemanı sonrası, dirseklerin öncesi ve sonrasına monte edilen piyezometre boruları ile bu noktalardaki basınçlar ölçülmüştür. Piyezometre ölçümü için kullanılan şeffaf boruların basınç ölçümü yapılacak boruya bağlanacağı noktalara 8 mm'lik delikler açılmıştır. Daha önce Şekil 3.11'de verildiği gibi, deliklerin olduğu noktalara 75 mm'lik kelepçeler takılmış ve yapıştırılmıştır. Bu noktalara bağlanan şeffaf borular milimetrik kağıt yapıştırılmış pano üzerine sabitlenmiştir. (Şekil 3.17)

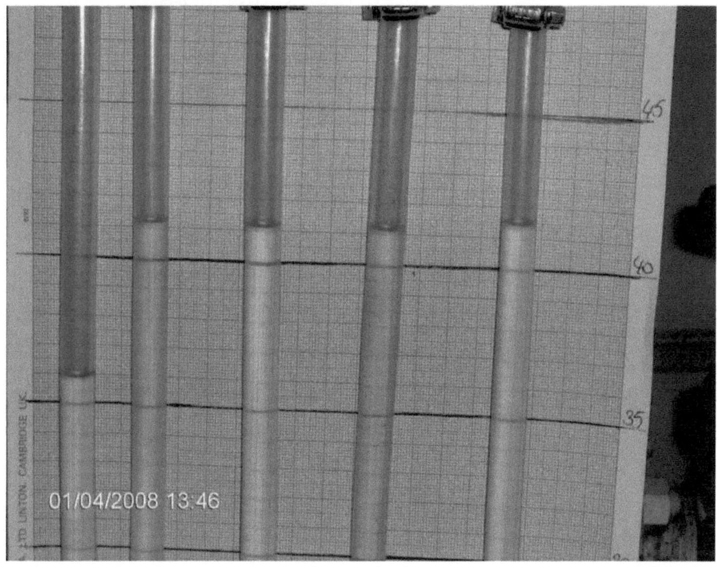

Şekil 3.17 Piyezometre borularının yer aldığı pano.

BÖLÜM DÖRT

DENEYSEL ÇALIŞMALAR

4.1 Deneysel Çalışmalar

Deney düzeneği, sifonik yağmur suyu sisteminin farklı debilerde nasıl çalıştığını gözlemlemeye olanak vermektedir. Gerçekleşen olayların sistematiği için farklı noktalarda piyezometre okumaları yapılmıştır. Kanalın membasında (A noktası) bulunan giriş elemanının bağlı olduğu I numaralı hat ve kanalın mansabında (B noktası) bulunan elemanının bağlı olduğu II numaralı hat birbirinden bağımsız ve birlikte çalıştırılarak oluşan hidrolik olaylar anlaşılmaya çalışılmıştır. Kanaldaki su derinliği için membada y_A mansapta y_B notasyonları kullanılmıştır. (Şekil 4.1)

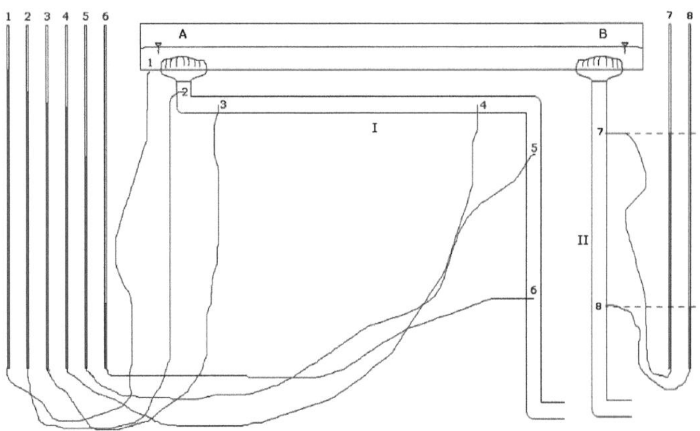

Şekil 4.1 I ve II numaralı hat.

4.2 Mansap Giriş Elemanı Üzerinde Yapılan Deneyler

Kanalın mansabında bulunan ve özel olarak imal edilmiş giriş elemanının yer aldığı II numaralı hatta yapılan deneysel çalışmalarda sifon etkisinin başladığı ve sifon etkisinin yetersiz kaldığı debi değerleri ile II numaralı hat üzerinde piyezometre seviyeleri çıkış ağızları karşılaştırma düzlemi olacak şekilde okunan piyezometre kotlarından ölçüm noktalarının geometrik kotu çıkarılarak P/γ elde edilmiştir. Deneylerle ilgili akım parametreleri ve bulguları aşağıda özetlenmektedir.

4.2.1 Deney No: 1

$Q = 6{,}52$ l/s

$y_A = 7{,}5$ cm

$y_B = 3$ cm

$P_7/\gamma = -40$ cm

$P_8/\gamma = 24$ cm

Ölçülen 6,52 l/s debi değerinde sifonik akış oluşmamaktadır. Giriş elemanı üzerinde sisteme hava girişini engelleyecek su seviyesi olmadığı için sistem klasik yağmur suyu sistemi gibi çalışmaktadır. (Şekil 4.2)

Şekil 4.2 Q = 6,52 l/s debisinde gözlenen akım.

4.2.2 Deney No: 2

$Q = 8{,}32$ l/s

$y_A = 8{,}5$ cm

$y_B = 3{,}5$ cm $\rightarrow$ 0 cm

$P_7/\gamma = -52$ cm

$P_8/\gamma = 60$ cm

Kanaldaki su seviyesi mansap giriş elemanı üzerinde 3,5 cm'den neredeyse 0 cm mertebesine kadar azalmaktadır. Ancak bu derinlik zaman zaman hava girişini engellemeye yetmemektedir. Dolayısıyla piyezometre seviyeleri, boru içindeki akıma hava karıştığı için bozulmaktadır. (Şekil 4.3)

Şekil 4.3 Q = 8,32 l/s debisinde gözlenen akım.

4.2.3 Deney No: 3

$Q = 9{,}05$ l/s

$y_A = 9$ cm

$y_B = 4$ cm $\rightarrow$ 0 cm

P_7/γ = - 58 cm

P_8/γ = 76 cm

Giriş elemanı üzerinde 4 cm'den 0 cm civarına azalan su yüksekliği ölçülmektedir. Bu seviye periyodik olarak 4 cm civarına yükselmekte ve sifon etkisi başlamaktadır. (Şekil 4.4)

Şekil 4.4 Q = 9,05 l/s debisinde gözlenen akım.

4.2.4 Deney No: 4

Q = 10,6 l/s

$y_A = 9,5$ cm

$y_B = 4,5$ cm $\rightarrow$ 1 cm

P_7/γ = -52 cm

P_8/γ = 100 cm

Giriş elemanı üzerinde sisteme hava girişini engelleyecek mertebede su seviyesi mevcuttur. Giriş elemanının hemen sonrasında su seviyesi 1 cm mertebesine kadar azalmakta ancak sistem için olumsuz bir durum oluşturmamaktadır. (Şekil 4.5 ve Şekil 4.6)

Şekil 4.5 Q = 10,6 l/s debisinde gözlenen akım.

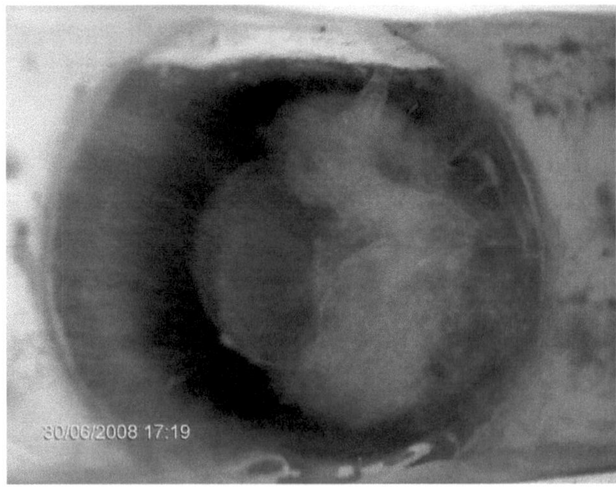

Şekil 4.6 Q = 10,6 l/s debisinde gözlenen akım.

4.2.5 Deney No: 5

Q = 11,01 l/s

y_A = 10 cm

y_B = 6 cm

P_7/γ = -59 cm

P_8/γ = 115 cm

Şekil 4.7'de mansap giriş elemanı üzerindeki su seviyesi görülmektedir. Giriş elemanı sonrasında su seviyesi belirgin bir biçimde artmış ve yaklaşık giriş elemanı öncesi su derinliği kadar ölçülmüştür.

Şekil 4.7 Q = 11,01 l/s debisinde gözlenen akım.

4.2.6 Deney No: 6

Q = 11,20 l/s

y_A = 11 cm

y_B = 4,5 cm

P_7/γ = -62 cm

P_8/γ = 105 cm

Debinin 11,20 l/s olarak ölçüldüğü bu deneyde giriş elemanı üzerindeki su derinliği fotoğraf olarak gözlenmiştir.(Şekil 4.8) Fotoğraf yardımıyla elde edilen su derinliği 4,5 cm olarak kullanılmıştır.

Şekil 4.8 Q = 11,2 l/s debisinde gözlenen akım.

4.2.7 Deney No: 7

Q = 11,44 l/s

y_A = 11,5 cm

y_B = 4,5 cm

P_7/γ = -45 cm

P_8/γ = 115 cm

Giriş elemanı bölgesinde oluşan akım Şekil 4.9'da verilmektedir. Ölçülen su derinliğinde vorteks oluşmadığı dolayısıyla sisteme hava karışmadığı gözlenmiştir.

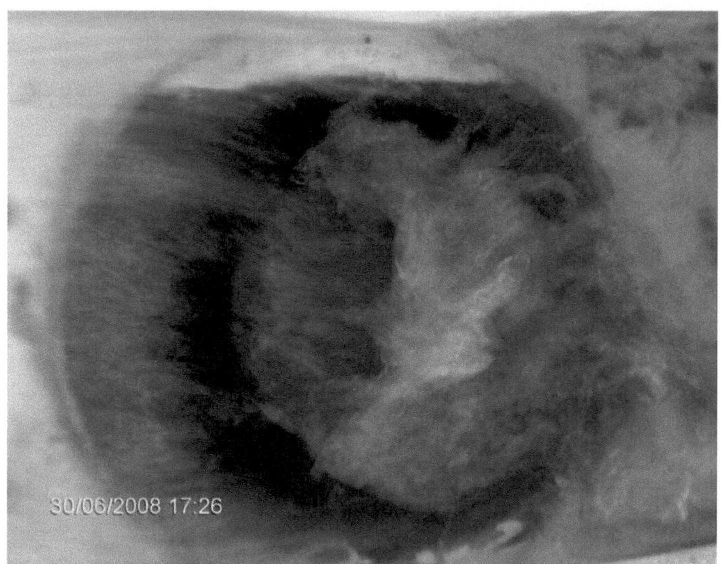

Şekil 4.9 Q = 11,44 l/s debisinde gözlenen akım.

4.2.8 Deney No: 8

Q = 11,87 l/s

$y_A = 11{,}5$ cm

$y_B = 5{,}5$ cm

$P_7/\gamma = -64$ cm

$P_8/\gamma = 131$ cm

Daha düşük debilerde yapılan deneylerde giriş elemanının üzerinde oluşan su seviyesi giriş elemanı öncesinde ve sonrasında bir miktar farklılık göstermektedir. Şekil 4.10'da da görüleceği gibi bu seviye ölçülen debi değerinde artık aynı mertebededir.

Şekil 4.10 Q = 11,87 l/s debisinde gözlenen akım.

4.2.9 Deney No: 9

Q = 12,09 l/s

y_A = 12,0 cm

y_B = 4,5 cm

P_7/γ = -44 cm

P_8/γ = 125 cm

Şekil 4.11'de giriş elemanı üzerinde oluşan akım görülmektedir. Fotoğrafta vorteks oluşmadığı sisteme hava karışmadığı görülmektedir.

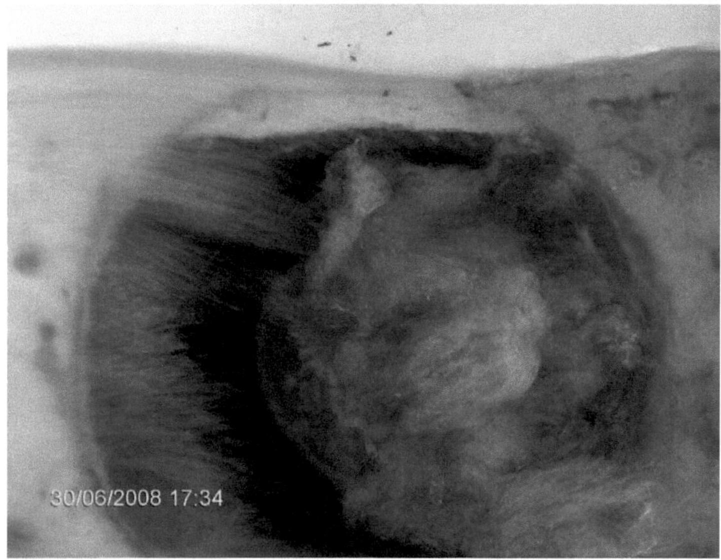

Şekil 4.11 Q = 12,09 l/s debisinde gözlenen akım.

4.2.10 Deney No: 10

Q = 12,3 l/s

y_A = 12,5 cm

y_B = 4,5 cm

P_7/γ = -57 cm

P_8/γ = 85 cm

Şekil 4.12'de görüldüğü gibi su derinliği 30 cm yüksekliğindeki bir kanal için taşma riski taşımamaktadır.

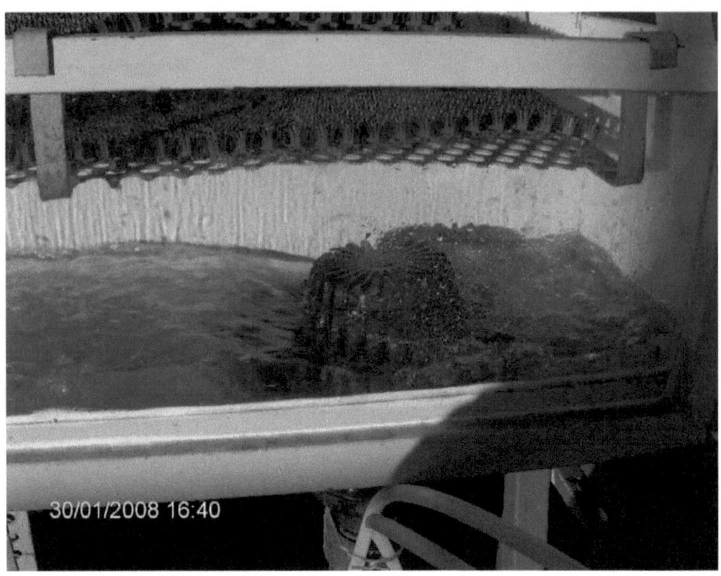

Şekil 4.12 Q = 12,3 l/s debisinde gözlenen akım.

4.2.11 Deney No: 11

Q = 12,76 l/s

y_A = 13,0 cm

y_B = 4,5 cm

P_7/γ = -37 cm

P_8/γ = 137 cm

Şekil 4.13'te giriş elemanı üzerinde çok kısa süreli devam eden ve zaman zaman kendini tekrar eden vorteks ve Şekil 4.14'te giriş elemanı üzerinde oluşan akım görülmektedir.

Şekil 4.13 Q = 12,76 l/s debisinde gözlenen akım.

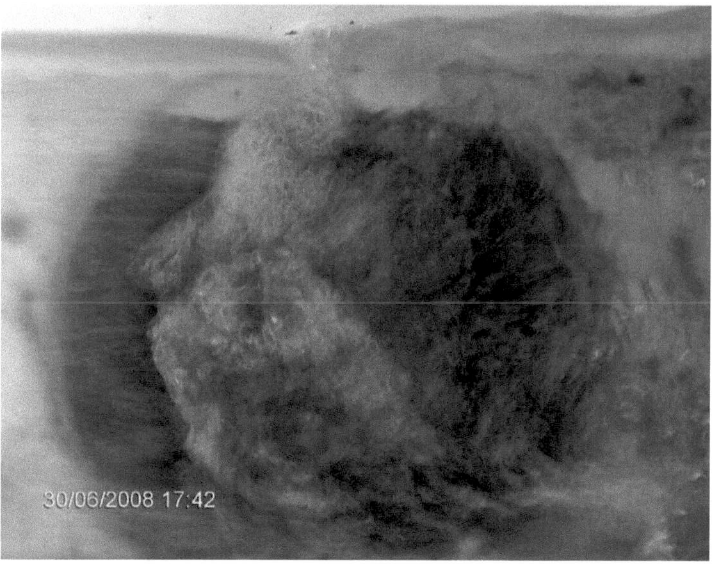

Şekil 4.14 Q = 12,76 l/s debisinde gözlenen akım.

4.2.12 Deney No: 12

$Q = 12{,}99$ l/s

$y_A = 24{,}0$ cm

$y_B = 23{,}0$ cm

$P_7/\gamma = -44$ cm

$P_8/\gamma = 154$ cm

Kararlı akım debisi 12,99 l/s olarak okunmaya başladığında kanalda su seviyeleri A ve B noktalarında sırasıyla 24 cm ve 23 cm olarak ölçülmüştür. (Şekil 4.15 ve Şekil 4.16) Mansap giriş elemanı üzerinde zaman zaman vorteks oluşumları gözlenmiştir. (Şekil 4.17 ve Şekil 4.18)

Şekil 4.15 Mansap giriş elemanı üzerindeki su yükü.

Şekil 4.16 Q = 12,99 l/s.

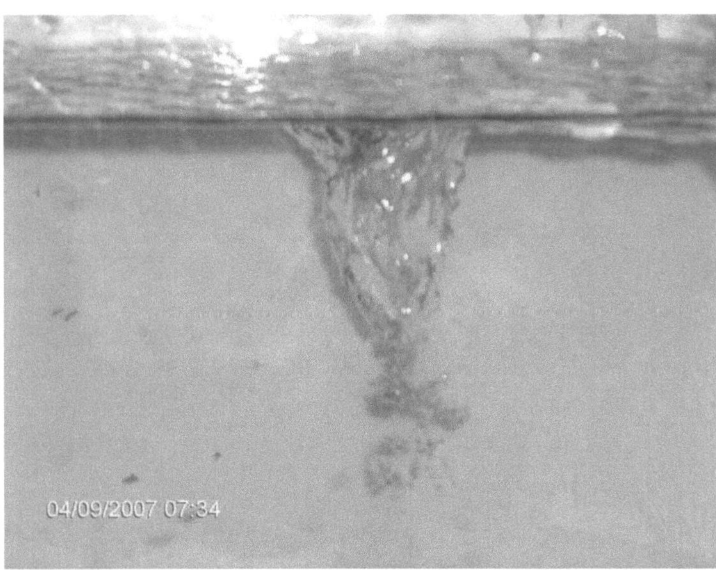

Şekil 4.17 Mansap giriş elemanı üzerinde oluşan vorteks.

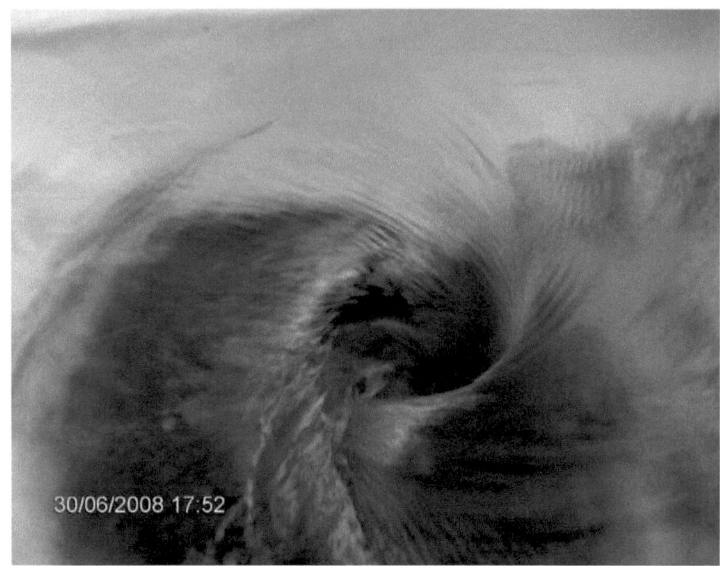

Şekil 4.18 Q = 12,99 l/s.

4.2.13 Deney No: 13

Q = 13,2 l/s

$y_A > 30$ cm

$y_B > 30$ cm

$P_7/\gamma = -45$ cm

$P_8/\gamma = 169$ cm

Kanal su seviyesi hızla 30 cm üzerine ulaşmıştır. Kısa süreli piyezometre okumaları yapılabilmiştir. Deney piyezometre okumaları ile hesaplamalarda kullanılmıştır.

4.2.14 Deney No: 14

Q = 15,16 l/s

$y_A > 30$ cm

$y_B > 30$ cm

Üçgen savak okuması dışında deneysel gözlem yapmaya olanak sağlayacak şekilde sistem dengeye ulaşmamıştır. Kanal su derinliği çok hızlı bir şekilde 30 cm üzerine çıkarak sistemin tahliye edebileceği değerin aşıldığı görülmüştür. Piyezometre okumaları bu gözlem sırasında yapılamamıştır.

4.2.15 Sonuç Özet Tablosu

II nolu hat üzerinde yapılan deneylerde ölçülen değerler ve yapılan gözlemler özet olarak Tablo 4.1'de verilmektedir.

Tablo 4.1 II numaralı hat üzerinde yapılan deneylerin özet sonuçları.

Deney No	Q l/s	V m/s	$\frac{V^2}{2g}$ cm	y_A cm	y_B cm	$\frac{P_7}{\gamma}$ cm	$\frac{P_8}{\gamma}$ cm	Akış
1	6,52	1,73	15	7,5	3,0	-40	24	Klasik
2	8,32	2,21	25	8,5	3,5	-52	60	Sifonik
3	9,05	2,41	30	9,0	4,0	-58	76	Sifonik
4	10,60	2,82	41	9,5	4,5	-52	100	Sifonik
5	11,01	2,93	44	10,0	6,0	-59	115	Sifonik
6	11,20	2,98	45	11,0	4,5	-62	105	Sifonik
7	11,44	3,04	47	11,5	4,5	-45	115	Sifonik
8	11,87	3,16	51	11,5	5,5	-64	131	Sifonik
9	12,09	3,22	53	12,0	4,5	-44	125	Sifonik
10	12,30	3,27	55	12,5	4,5	-57	85	Sifonik
11	12,76	3,39	59	13,0	4,5	-37	137	Sifonik
12	12,99	3,45	61	24,0	23,0	-44	154	Sifonik
13	13,20	3,51	63	> 30 Taşma		-45	169	Sifonik
14	15,16	4,03	83	> 30 Taşma		-	-	Sifonik

4.3 Memba Giriş Elemanı Üzerinde Yapılan Deneyler

Şekil 4.19'da verilen memba giriş elemanının yer aldığı I numaralı hat ile ilgili gözlemlerde resim yerine video kayıtları kullanılmıştır.

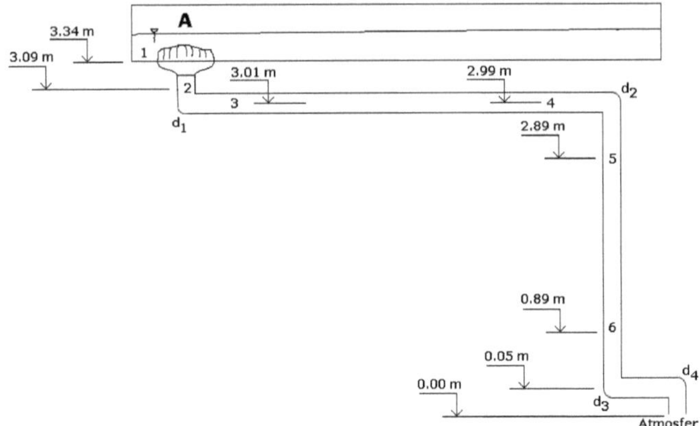

Şekil 4.19 I numaralı hat.

Mansap giriş elemanından farklı olarak sistem farklı akım şartları oluşturmakta ve bu akım şartları belli debi değerleri altında kendisini tekrarlamaktadır. Video kayıtları ile gözlem yapılmasının amacı bu tekrarlı süreçleri yakalamak ve değerlendirmektir. Memba giriş elemanı mansap giriş elemanına oranla daha düşük debileri tahliye edebilmektedir. Belli debi değerlerinde sistem klasik yağmur suyu toplama sistemi gibi basınçsız ve tam dolu olmayan şekilde çalışmaktadır. Ancak aynı debi değerlerinde kanal içerisindeki su yüksekliğinin belli bir seviyeye kadar yükseldiği ve sifonik akım şartlarını oluşturduğu ortaya çıkmaktadır. Bu kısımdaki deneyler artan debi değerleri ile yapılmıştır ve video kayıtları ek olarak sunulmaktadır. Deneylerdeki gözlemler listelenmiş olup yine kısım sonunda tablo halinde verilmektir.

5,92 l/s değerinden küçük debilerde kararlı akım oluşmamış, klasik akım zamanla sifonik akıma dönüşmüştür. Bu dönüşüm periyodik olarak kendini tekrar etmiştir. Özet tablosunda kararsız – klasik veya kararsız – sifonik olarak tanımlamam bu akım türleri video kayıtlarında ayrıntılı bir şekilde görülmektedir.

4.3.1 Deney No: 1

Q = 2,42 l/s	Q = 4,00 l/s	Video Kayıtları
y_A = 2,1 cm	y_A = 3,0 cm	1-1
P_2/γ = -3,5 cm	P_2/γ = -34,5 cm	1-2
P_3/γ = -22,7 cm	P_3/γ = -40,7 cm	1-3
P_4/γ = -17,5 cm	P_4/γ = -49,5 cm	1-4
P_5/γ = 22,0 cm	P_5/γ = 0,0 cm	1-5
P_6/γ = 0,0 cm	P_6/γ = 10,0 cm	1-6

Yapılan deneyler sırasında kararlı bir akım oluşmadığı, giriş elemanı üzerinde zamanla artan bir su seviyesi ve buna paralel değişen piyezometre okumaları ve hat çıkışında değişken debi değeri gözlenmiştir. Okumalar en az ve en çok değerleri kaydedilerek yapılmıştır. Örneğin üçgen savakta okunan en düşük değere karşılık gelen debi 2,42 l/s ve en yüksek okumaya karşılık gelen debi değeri 4 l/s olarak hesaplanmış ve not edilmiştir. En düşük değerde gerçekleşen akım klasik yağmur suyu sistemine uygun hava ile karışık akımdır. Ancak sistem giriş elemanı üzerindeki su seviyesinin kısa bir süre sonra artmasıyla sifonik yağmur suyu sistemi olarak çalışmaya başlamaktadır. Şekil 4.20'de giriş elemanı üzerinde oluşan farklı su derinlikleri ile Şekil 4.21'de hat çıkışında oluşan farklı akımlar görülmektedir.

Şekil 4.20 Memba giriş elemanı üzerinde gözlenen akım.

Şekil 4.21 I numaralı hat çıkışında gözlenen akım.

4.3.2 Deney No: 2

$Q = 3{,}05$ l/s	$Q = 4{,}35$ l/s	Video Kayıtları
$y_A = 2{,}8$ cm	$y_A = 3{,}0$ cm	2-1
$P_2/\gamma = -1{,}5$ cm	$P_2/\gamma = -46{,}5$ cm	2-2
$P_3/\gamma = -2{,}7$ cm	$P_3/\gamma = -58{,}7$ cm	2-3
$P_4/\gamma = -7{,}5$ cm	$P_4/\gamma = -67{,}5$ cm	2-4
$P_5/\gamma = 14{,}0$ cm	$P_5/\gamma = -23{,}0$ cm	2-5
$P_6/\gamma = 0{,}0$ cm	$P_6/\gamma = 45{,}0$ cm	

Debi artırılarak tekrarlanan deneyde yine iki farklı akım türü gözlenmiştir. 10 – 12 saniye süreyle devam eden klasik akım aniden sifonik akıma dönmekte ve bu olay kendini tekrarlamaktadır. Şekil 4.22 ve Şekil 4.23'te farklı akımlarda giriş elemanı ve hat çıkışında gözlenen olaylar görülmektedir.

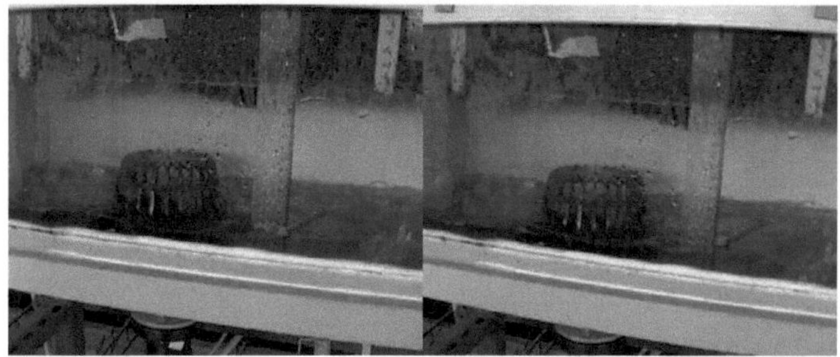

Şekil 4.22 Memba giriş elemanı üzerinde gözlenen akım.

Şekil 4.23 I numaralı hat çıkışında gözlenen akım.

4.3.3 Deney No: 3

Şekil 4.24 ve Şekil 4.25

Q = 3,77 l/s	Q = 5,64 l/s	Video Kayıtları
y_A = 3,5 cm	y_A = 4,0 cm	3-1
P_2/γ = 1,5 cm	P_2/γ = -62,0 cm	3-2
P_3/γ = 10,3 cm	P_3/γ = -68,7 cm	3-3
P_4/γ = -17,5 cm	P_4/γ = -103,5 cm	3-4
P_5/γ = 14,0 cm	P_5/γ = -85,0 cm	3-5
P_6/γ = 0,0 cm	P_6/γ = 53,0 cm	3-6

Şekil 4.24 Memba giriş elemanı üzerinde gözlenen akım.

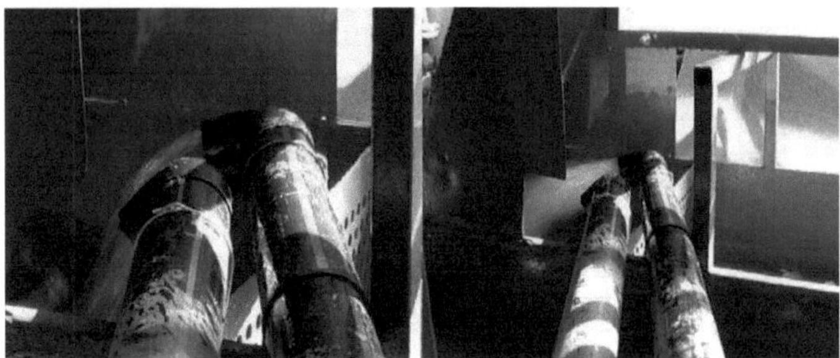

Şekil 4.25 I numaralı hat çıkışında gözlenen akım.

4.3.4 Deney No: 4

Q = 4,23 l/s	Q = 5,64 l/s	Video Kayıtları
y_A = 3,7 cm	y_A = 4,5 cm	4-1
P_2/γ = -0,5 cm	P_2/γ = -75,0 cm	4-2
P_3/γ = -5,7 cm	P_3/γ = -77,7 cm	4-3
P_4/γ = -15,5 cm	P_4/γ = -114,5 cm	4-4
P_5/γ = 14,0 cm	P_5/γ = -92,0 cm	4-5
P_6/γ = 0,0 cm	P_6/γ = 22,0 cm	4-6

Debi vana ile arttırıldıktan belli bir süre sonra gözlemlere başlanarak debinin kararlı hale gelmesi beklenmektedir. I numaralı hat üzerinde yapılan bu gözlem sonucunda sistemin 10 – 12 saniye süre ile farklı akım şartları oluşturduğu görülmüştür. Bu süreçte üçgen savak üzerinde iki farklı su seviyesi dolayısıyla iki farklı debi değeri okunmaktadır. Maksimum ve minimum olmak üzere bu değerler not alınmıştır. Sistem 4,23 l/s değerinde klasik yağmur suyu sistemi gibi çalışırken giriş elemanı üzerindeki su seviyesinin 3,7 cm civarında olduğu belirlenmiştir. Bu su seviyesi ölçülen en düşük değerdir. bu değer sabit kalmamakta ve 4.5 cm mertebesine yükselmektedir. Şekil 4.26'da giriş elemanı üzerinde oluşan farklı su derinlikleri görülmektedir. 4,5 cm su yüksekliği giriş elemanına hava girişini engellemekte böylece sistemin tam dolu ve sifonik olarak çalışmasını sağlamaktadır. Sifonik yağmur suyu sisteminin tahliye ettiği debi 5,64 l/s değerine ulaşmaktadır. Bu durum uzun sürmemekte sisteme giren debi bu mertebede olmadığı için kanal su yüksekliği yeniden azalmaktadır. Şekil 4.27'de piyezometre yüksekliklerinde gözlenen değişim görülmektedir. Sistemin kararsız olduğu piyezometre okumalarından anlaşılmaktadır. Ancak daha düşük debilerde gözlenen sistemin kendini tekrar etmesi daha hızlı gerçekleşmektedir. Video kayıtları izlendiğinde bu sürenin 10 saniye altına düştüğü söylenebilir. Hat çıkışında gözlenen farklı akımlar Şekil 4.28'de verilmiştir.

Şekil 4.26 Memba giriş elemanı üzerinde gözlenen akım.

Şekil 4.27 Piyezometre yüksekliklerindeki değişim.

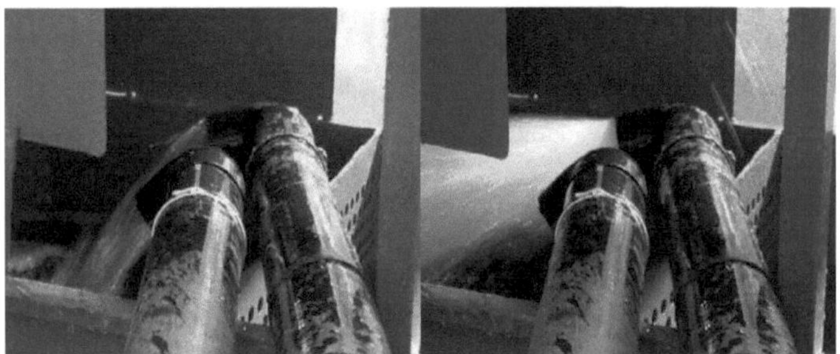

Şekil 4.28 I numaralı hat çıkışında gözlenen akım.

4.3.5 Deney No: 5

Q = 5,92 l/s		Video Kayıtları
y_A = 4,0 cm		5-1
P_2/γ = -60,5 cm	P_2/γ = -64,0 cm	5-2
P_3/γ = -65,7 cm	P_3/γ = -71,7 cm	5-3
P_4/γ = -93,5 cm	P_4/γ = -103,5 cm	5-4
P_5/γ = -47,0 cm	P_5/γ = -60,0 cm	5-5
P_6/γ = 0,0 cm	P_6/γ = 9,0 cm	5-6

Kanal su seviyesi memba giriş elemanı üzerinde sabit kalmaktadır. Piyezometre okumaları ise birbirini tekrar eden değerler etrafında salınımlar göstermektedir. Debi değerinin değişmediği gözlenmektedir. (Şekil 4.29)

Şekil 4.29 Giriş elemanı ve hat çıkışında gözlenen kararlı akım.

4.3.6 Deney No: 6

Q = 6,52 l/s		Video Kayıtları
y_A = 4,5 cm		6-1
P_2/γ = -62,5 cm	P_2/γ = -67,5 cm	6-2
P_3/γ = -70,7 cm	P_3/γ = -75,7 cm	6-3
P_4/γ = -100,5 cm	P_4/γ = -108,5 cm	6-4
P_5/γ = -59,0 cm	P_5/γ = -73,0 cm	6-5
P_6/γ = 2,0 cm	P_6/γ = 20,0 cm	

Piyezometre kotlarındaki salınım dışında sistemin önceki deneyde olduğu gibi kararlı olduğu ve sifonik olarak çalıştığını söylemek mümkündür. (Şekil 4.30)

Şekil 4.30 Giriş elemanı ve hat çıkışında gözlenen kararlı akım.

4.3.7 Deney No: 7

$Q = 6{,}98$ l/s — Video Kayıtları

$y_A = 4{,}7$ cm — 7-1

$P_2/\gamma = -65{,}5$ cm — 7-2

$P_3/\gamma = -78{,}2$ cm — 7-3

$P_4/\gamma = -115{,}5$ cm — 7-4

$P_5/\gamma = -82{,}0$ cm — 7-5

$P_6/\gamma = 23{,}0$ cm — 7-6

Bu debi değerinde memba giriş elemanı üzerinde su seviyesi, piyezometre okumaları ve üçgen savakta okunan değer kararlıdır. Sistem sifonik olarak çalışmaktadır. Şekil 4.31'de giriş elemanı ve hat çıkışındaki akım görülmektedir.

Şekil 4.31 Giriş elemanı ve hat çıkışında gözlenen kararlı akım.

4.3.8 Deney No: 8

Q = 7,47 l/s	Video Kayıtları
y_A = 5,0 cm	8-1
P_2/γ = -58,5 cm	8-2
P_3/γ = -75,7 cm	8-3
P_4/γ = -119,5 cm	8-4
P_5/γ = -87,0 cm	8-5
P_6/γ = 27,0 cm	

Gözlemler Şekil 4.32'de verilmiştir.

Şekil 4.32 Giriş elemanı ve hat çıkışında gözlenen kararlı akım.

4.3.9 Deney No: 9

Q = 8,32 l/s	Video Kayıtları
y_A = 6,5 cm	9-1
P_2/γ = -50,9 cm	9-2
P_3/γ = -73,9 cm	9-3
P_4/γ = -122,9 cm	9-4
P_5/γ = -85,0 cm	
P_6/γ = 30,0 cm	

Gözlemler Şekil 4.33'te verilmiştir.

Şekil 4.33 Giriş elemanı ve hat çıkışında gözlenen kararlı akım.

4.3.10 Deney No: 10

	Video Kayıtları
Q = 8,68 l/s	
y_A = 6,5 cm	10-1
P_2/γ = -51,5 cm	10-2
P_3/γ = -76,7 cm	10-3
P_4/γ = -124,5 cm	10-4
P_5/γ = -73,0 cm	
P_6/γ = 38,0 cm	

Önceki gözlemlerde dikkat çeken piyezometre salınımları önemsenmeyecek düzeyde azalarak sifonik yağmur suyu sistemi hava karışmadan kararlı bir şekilde çalışmaktadır. (Şekil 4.34)

Şekil 4.34 Giriş elemanı ve hat çıkışında gözlenen kararlı akım.

4.3.11 Deney No: 11

Q = 8,86 l/s	Video Kayıtları
y_A = 20,0 cm	11-1
P_2/γ = -42,5 cm	11-2
P_3/γ = -67,7 cm	11-3
P_4/γ = -118,5 cm	11-4
P_5/γ = -73,0 cm	11-5
P_6/γ = 45,0 cm	

Bir önceki deneyde kararlı akım şartları oluştuğunda giriş elemanı üzerinde 6,5 cm olarak ölçülen su seviyesi, debide meydana gelen çok küçük bir değişim sonucunda büyük oranda artarak 20 cm'ye ulaşmıştır. Şekil 4.35'te giriş elemanı üzerindeki su derinliği görülmektedir. Şekil 4.36'da hat çıkışında sifonik akışın etkisi gözlenmektedir. Piyezometre okumaları da kararlı bir şekilde gözlenmiştir.

Şekil 4.35 Giriş elemanı üzerinde gözlenen kararlı akım.

Şekil 4.36 Hat çıkışında gözlenen kararlı akım.

4.3.12 Sonuç Özet Tablosu

Farklı debilerde memba giriş elemanı üzerindeki su yüksekliği ve hat üzerindeki piyezometre okumalarının piyezometre sıfırları çıkarılarak hesaplanan P/γ değerleri Tablo 4.2'de görülmektedir. Tabloyu değerlendirme kolaylığı açısından tablo artan debi değerlerine göre hazırlanmıştır.

Tablo 4.2 I numaralı hat üzerindeki noktaların piyezometre okumaları.

Deney No	Q l/s	y_A cm	$\frac{P_2}{\gamma}$ cm	$\frac{P_3}{\gamma}$ cm	$\frac{P_4}{\gamma}$ cm	$\frac{P_5}{\gamma}$ cm	$\frac{P_6}{\gamma}$ cm	Q l/s	y_A cm	$\frac{P_2}{\gamma}$ cm	$\frac{P_3}{\gamma}$ cm	$\frac{P_4}{\gamma}$ cm	$\frac{P_5}{\gamma}$ cm	$\frac{P_6}{\gamma}$ cm
	Klasik Kararsız Akım							Sifonik Kararsız Akım						
1	2,42	2,1	-3,5	-22,7	-17,5	22	0	4	3,0	-34,5	-40,7	-49,5	0	10
2	3,05	2,8	-1,5	-2,7	-7,5	14	0	4,35	3,0	-46,5	-58,7	-67,5	-23	45
3	3,77	3,5	1,5	10,3	-17,5	14	0	5,64	4,0	-62	-68,7	-103,5	-85	53
4	4,23	3,7	-0,5	-5,7	-15,5	14	0	5,64	4,5	-75,5	-77,7	-114,5	-92	22
								Sifonik Kararlı Akım						
5								5,92	4,0	-64	-71,7	-103,5	-60	9
6								6,52	4,5	-67,5	-75,7	-108,5	-73	20
7								6,98	4,7	-65,5	-78,2	-115,5	-82	23
8								7,47	5,0	-58,5	-75,7	-119,5	-87	27
9								8,32	6,5	-50,9	-73,9	-122,9	-85	30
10								8,68	6,5	-51,5	-76,7	-124,5	-73,3	38
11								8,86	20	-42,5	-67,7	-118,5	-73	45

4.4 Mansap ve Memba Giriş Elemanı Birlikte Çalıştırılarak Yapılan Deneyler

Önceki deneylerde giriş elemanları birbirinden bağımsız olarak sisteme bağlanmıştır. Pratikte aynı çatı oluğu üzerinde birden fazla giriş elemanı bulunacağı düşünülerek, kanalın mansap ve membasında bulunan giriş elemanları aynı anda sisteme bağlanarak gözlemler yapılmıştır.

Başlangıç olarak vana sonuna kadar açılmıştır. Ancak üçgen savak haznesinin yetersiz kalması nedeniyle debi azaltılmak zorunda kalınmıştır. Sistemin yaklaşık 25 l/s debiyi sifonik olarak tahliye ettiği kanalda yaklaşık 20 cm su seviyesinin sabit olarak kaldığı gözlenmiştir.

4.4.1 Deney No: 1

Q = 20,13 l/s

y_A = 10 cm

y_B = 8 cm → 1 cm

Memba giriş elemanı üzerinde sabit 10 cm mertebesinde su yüksekliği bulunmakta ve vorteks oluşturmadan sistem çalışmaktadır. (Şekil 4.37.) Mansap giriş elemanı üzerinde su yüksekliği sabit olmayıp hemen öncesinde 8 cm ölçülmekte ekseninde ise su derinliği 4 cm olarak gözlenmektedir. Giriş elemanı sonrasında su derinliği ölçülemeyecek kadar azdır. (Şekil 4.38)

Şekil 4.37 Q = 20.13 l/s memba giriş elemanı y_A = 10 cm.

Şekil 4.38 Q = 20.13 l/s mansap giriş elemanı y_B = 8 cm.

Q = 20,13 l/s değerini tahliye eden I ve II numaralı hatların üçgen savak haznesine etkisi aşağıda görülmektedir. (Şekil 4.39)

Şekil 4.39 Q = 20,13 l/s üçgen savak haznesi.

4.4.2 Deney No: 2

Q = 17,82 l/s

y_A = 7 cm

y_B = 4 cm → 0 cm

Su seviyesi sisteme hava girmesini engelleyecek düzeyde ancak zaman zaman mansap giriş elemanı üzerinde vorteks oluşmakta ve sistemde hava – su karışımı bulunmaktadır. (Şekil 4.40 ve Şekil 4.41)

Şekil 4.40 Q = 17,82 l/s memba giriş elemanı y_A = 7 cm.

Şekil 4.41 Q = 17,82 l/s mansap giriş elemanı y_B = 4 cm.

4.4.5 Deney No: 5

Q = 13,69 l/s, 12,09 l/s, 10,60 l/s, 9,81 l/s debilerinde tekrarlanan deneylerde akım derinliklerinin değişmediği gözlemlenmiş olup bu durumun daha kapsamlı deneylerle kontrol edilip araştırılması uygun olacaktır. (Şekil 4.46 ve Şekil 4.47)

$y_A = 4,5$ cm

$y_B = 3,5$ cm

Şekil 4.46 Memba giriş elemanı $y_A = 4,5$ cm.

Şekil 4.47 Mansap giriş elemanı $y_B = 3,5$ cm.

4.4.6 Deney No: 6

Q = 7,64 l/s → 10,60 l/s

y_A = 3,5 cm → 5 cm

y_B = 3,5 cm → 4 cm

Debi, vana kapatılarak azaltılmaya devam edildiğinde sistemin kararsız olmaya başladığı gözlendi. Giriş elemanları üzerinde su seviyesi kısa bir süre yükselip sisteme hava girişi kesildiğinde sifon etkisinin başladığı ancak kısa bir süre sonra yine klasik sistem gibi hava – su karışımı ile akışa döndüğü gözlenmiştir. Bu süre yaklaşık 10 – 12 saniye mertebesindedir. Bu debi değerinden daha küçük değerlerde ise sistem klasik yağmur suyu toplama sistemi gibi çalışmaya başlamaktadır. Klasik sistem gibi çalışma esnasında üçgen savaktan geçen debi 7,64 l/s (Şekil 4.48) iken sifon etkisi başladığında 10,60 l/s (Şekil 4.49) değerine ulaşmaktadır. Yaklaşık %50 civarında kapasite artışı gözlenmektedir.

Şekil 4.48 Q = 7,64 l/s klasik sistem.

Şekil 4.49 Q = 10,60 l/s sifonik sistem.

BÖLÜM BEŞ

BORU VE BAĞLANTI ELEMANLARINDA OLUŞAN ENERJİ KAYIPLARI

5.1 Sürekli Kayıplar

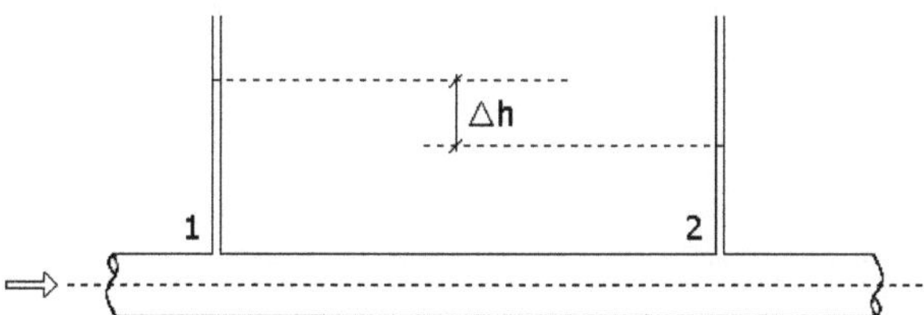

Şekil 5.1 L uzunluklu ve sabit D çaplı borudaki enerji kaybı.

Şekil 5.1'de verilen L uzunluklu ve sabit D çaplı bir boruda akışkanın viskozitesi ve akımın türbülans özelliği nedeniyle oluşan kayıplar;

$$h_k = \lambda \frac{1}{D} \frac{V^2}{2g} L \qquad (5.1)$$

şeklinde yazılan Darcy – Weisbach formülü ile ifade edilebilmekte olup burada V kesitsel ortalama hız, g yerçekimi ivmesi ve λ sürtünme katsayısıdır.

Re sayısı ve göreceli pürüzlülüğün k/D (k cidar pürüzlülük yüksekliği) fonksiyonu olarak değişen λ sürtünme katsayısı uygulamada Moody diyagramından veya ilgili bağıntılardan hesaplanabilmektedir.

Bu çalışma kapsamında λ sürtünme katsayısının laboratuarda doğrudan ölçümle belirlenmesi amaçlanmıştır.

5.2 Yersel Kayıplar

Dirsek, vana, genişleme, daralma vb. bağlantı elemanlarında, geometrisi nedeniyle oluşan çevrintilerin neden olduğu ölü bölgeler oluşmakta, çevrintilerin oluşturduğu sürtünme vs. nedenleriyle oluşan yersel enerji kayıpları geleneksel olarak,

$$h_{ky} = K\frac{V^2}{2g} \qquad (5.2)$$

şeklinde yazılmakta olup, K yersel kayıp katsayısı olarak adlandırılmaktadır. Bu çalışmada K yersel kayıp katsayılarının deneysel olarak belirlenmesi amaçlanmıştır.

5.3 Deneysel Bulgular

Laboratuarda mevcut 6 metre yüksekliğe yerleştirilmiş 2m x 2m x 2m boyutlarındaki hazneye özel bağlantı elemanı ile 63 mm anma çapında 3 mm et kalınlığı olan boru bağlanmıştır (Şekil 5.2). Hazneden üçgen savak haznesine düşey olarak inen bu boru ucuna ölçümlerin yapıldığı AB borusu monte edilmiştir (Şekil 5.3). AB borusu üzerindeki 1 ve 2 no'lu ölçüm noktaları arasında düşey dirsek, 3 ve 4 no'lu ölçüm noktaları arasında ise yatay dirsek yer almaktadır.

Enerji kayıplarını ölçmek için oluşturulan deney düzeneği şematik olarak Şekil 5.4'te verilmektedir. Sonuçlar Tablo 5.1'de verilmektedir. Ayrıca Bölüm 4'te elde edilen deney sonuçları kullanılarak giriş elemanlarında oluşan yersel kayıplar ve kayıp katsayıları hesaplanmıştır.

Şekil 5.2 Mevcut deney düzeneği.

Şekil 5.3 Kayıp katsayılarını belirlemek üzere oluşturulan deney düzeneği.

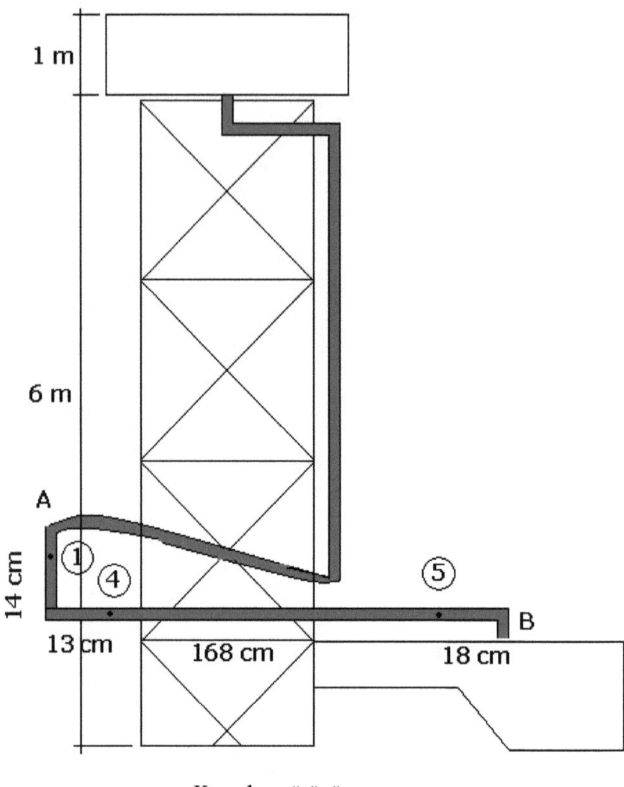

Karşıdan görünüm

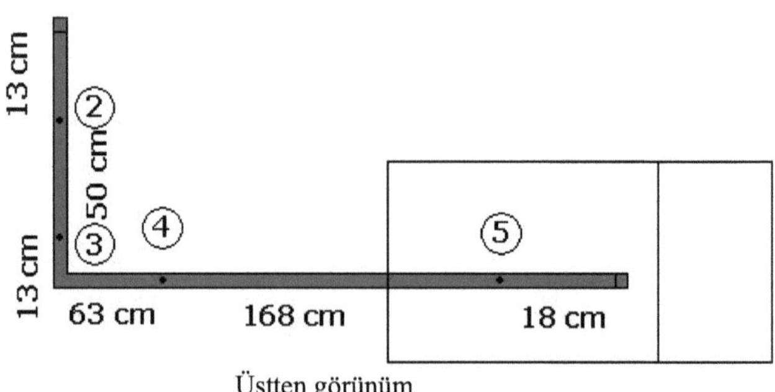

Üstten görünüm

Şekil 5.4 Kayıp katsayılarını belirlemek üzere oluşturulan deney düzeneği.

Tablo 5.1 Ölçüm sonuçları.

Q	V	$\frac{V^2}{2g}$	$\frac{P_1}{\gamma}+z_1$	$\frac{P_2}{\gamma}+z_2$	$\frac{P_3}{\gamma}+z_3$	$\frac{P_4}{\gamma}+z_4$	$\frac{P_5}{\gamma}+z_5$
l/s	m/s	cm	cm	cm	cm	cm	cm
4,47	1,75	15,64	123	92	89	53	43
4,71	1,85	17,36	130	97	94	57	46
4,84	1,90	18,34	138	102	99	59	49
4,97	1,95	19,33	142	105	102	61	50
5,10	2,00	20,36	147	109	106	63	52
5,23	2,05	21,41	150	112	109	66	54
5,37	2,10	22,57	152	114	111	66	55

5.3.1 Sürtünme Katsayısı λ

2 – 3 ve 4 – 5 numaralı noktalar arasındaki sürekli kayıpların ve kayıp katsayısının belirlenmesi için bu noktalar arasında yazılan enerji denklemi kullanılabilmekte olup, örneğin 2 ve 3 numaralı noktalar arasındaki ifade şöyledir.

$$\frac{P_2}{\gamma}+\frac{V_2^2}{2g}+z_2=\frac{P_3}{\gamma}+\frac{V_3^2}{2g}+z_3+h_{k2-3} \qquad (5.3)$$

$V_2 = V_3$ ve $z_2 = z_3$ olduğundan 2 ve 3 numaralı noktalar arasındaki enerji kaybı piyezometre okumalarından elde edilen basınç yükseklikleri kullanılarak,

$$h_{k2-3}=\frac{P_2}{\gamma}-\frac{P_3}{\gamma} \qquad (5.4)$$

hesaplanabilir. İki nokta arasındaki kayıp ifadesi Darcy-Weisbach formülünden,

$$h_{k2-3}=\lambda\frac{1}{D}\frac{V^2}{2g}L_{2-3} \qquad (5.5)$$

λ sürtünme katsayısı Denklem 5.4 ve Denklem 5.5 birlikte çözülerek hesaplanabilir. Hesaplanan sürtünme katsayısı değerleri Tablo 5.2'e verilmektedir.

5.3.2 Dirseklerde Oluşan Yersel Kayıplar

1 – 2 ve 3 – 4 numaralı noktalar arasındaki dirseklerde oluşan yersel enerji kayıpları ve kayıp katsayılarının belirlenmesi için bu noktalar arasında yazılan enerji denklemi kullanılabilmekte olup, örneğin 1 ve 2 numaralı noktalar arasındaki ifade şöyledir.

$$\frac{P_1}{\gamma}+\frac{V_1^2}{2g}+z_1=\frac{P_2}{\gamma}+\frac{V_2^2}{2g}+z_2+h_{kyl-2} \tag{5.6}$$

$V_1 = V_2$ ve $z_1 - z_2 = 14$ cm olduğu göz önüne alınarak enerji kaybı piyezometre okumalarından elde edilen basınç yükseklikleri kullanılarak,

$$h_{kyl-2}=\left(\frac{P_1}{\gamma}+z_1\right)-\left(\frac{P_2}{\gamma}+z_2\right) \tag{5.7}$$

şeklinde hesaplanabilmektedir. Yersel enerji kayıpları $V^2/2g$ değerinin fonksiyonu olarak aşağıdaki formda ifade edilmektedir.

$$h_{kyl-2}=K_{dd}\frac{V^2}{2g} \tag{5.8}$$

Denklem 5.7 ve Denklem 5.8 birlikte çözülerek bulunan yersel kayıp katsayısı K değerleri Tablo 5.3'te verilmektedir.

Tablo 5.3 Dirseklerde oluşan yersel enerji kayıpları ve kayıp katsayıları.

Q	V	$\frac{V^2}{2g}$	h_{ky1-2}	K_{dd}	h_{ky3-4}	K_{yd}
l/s	m/s	m	cm	düşey dirsek	cm	yatay dirsek
4,47	1,75	15,64	31	1,98	36	2,30
4,71	1,85	17,36	33	1,90	37	2,13
4,84	1,90	18,34	36	1,96	40	2,18
4,97	1,95	19,33	37	1,91	41	2,12
5,10	2,00	20,36	38	1,87	43	2,11
5,23	2,05	21,41	38	1,77	43	2,01
5,37	2,10	22,57	38	1,68	45	1,99

Tablo 5.3'te hesaplanan K yersel kayıp katsayısı değerlerinin ortalama değerleri;

$K_{dd} = 1,9$

$K_{yd} = 2,1$ olmaktadır.

5.3.3 Giriş Elemanlarında Oluşan Yersel Kayıplar

Bölüm 4'te yapılan deneysel çalışmalarda, yağmur suyu toplama kanalından I ve II numaralı hatlara bağlantısı yapılan memba ve mansap giriş elemanlarında oluşan yersel kayıplar enerji denklemi yazılarak hesaplanmıştır. Enerji denklemi A ve 2 numaralı noktalar ile B ve 7 numaralı noktalar arasında yazılarak yersel enerji kayıpları hesaplanmıştır. (Şekil 5.7)

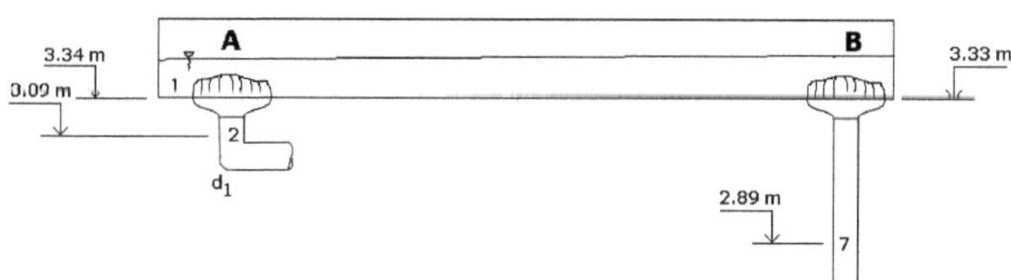

Şekil 5.7 Enerji denklemi yazılan noktalar.

Enerji denklemini örnek olarak A ve 2 numaralı noktalar arasında yazabiliriz.

$$\frac{P_A}{\gamma}+\frac{V_A^2}{2g}+z_A=\frac{P_2}{\gamma}+\frac{V_2^2}{2g}+z_2+h_{kyA-2} \qquad (5.9)$$

$P_A = P_{atm} = 0$, $V_A \cong 0$, $z_1 - z_2 = 25$ cm ve $z_A = z_1 + y_A$ olduğu kabul edilerek ve 2 numaralı noktada yapılan piyezometre okuması $P_2/\gamma + z_2$ olarak formülde kullanıldığında A ve 2 numaralı noktalar arasındaki enerji kaybı Denklem 5.10'da olduğu gibi yazılabilmektedir.

$$h_{kyA-2}=z_A-\left(\frac{P_2}{\gamma}+\frac{V_2^2}{2g}+z_2\right) \qquad (5.10)$$

Yersel enerji kayıpları $V^2/2g$ değerinin fonksiyonu olarak Denklem 5.11'de ifade edilmektedir.

$$h_{kyA-2}=K_A\frac{V^2}{2g} \qquad (5.11)$$

Denklem 5.10 ve Denklem 5.11 birlikte çözülerek bulunan yersel kayıp katsayısı K değerleri Tablo 5.4'te, kesitsel ortalama hıza bağlı olarak değişimi ise Şekil 5.8'de verilmektedir. Regresyon analizi sonucunda elde edilen analitik bağıntı ve eğrisi şekil üzerinde verilmektedir.

Benzer yaklaşımla B ve 7 noktaları arasında yazılan enerji denkleminde gerekli sayısal uygulamalar yapıldığında giriş elemanına ait K_B yersel enerji kayıp katsayısı hesaplanabilmektedir. Hesaplanan katsayılar Tablo 5.5'te, kesitsel ortalama hıza bağlı olarak değişimi ise Şekil 5.9'da verilmektedir.

Tablo 5.4 I nolu hat girişinde hesaplanan yersel kayıplar.

Q	V_2	y_A	$\frac{P_2}{\gamma}$	$\frac{V_2^2}{2g}$	h_{kyA-2}	K_A
l/s	m/s	cm	cm	cm	cm	
5,92	1,57	4,0	-64	12,63	80,37	6,36
6,52	1,73	4,5	-67,5	15,32	81,68	5,33
6,98	1,86	4,7	-65,5	17,56	77,64	4,42
7,47	1,99	5,0	-58,5	20,11	68,39	3,40
8,32	2,21	6,5	-50,9	24,94	57,46	2,30
8,68	2,31	6,5	-51,5	27,15	55,85	2,06
8,86	2,36	20,0	-42,5	28,29	59,21	2,09

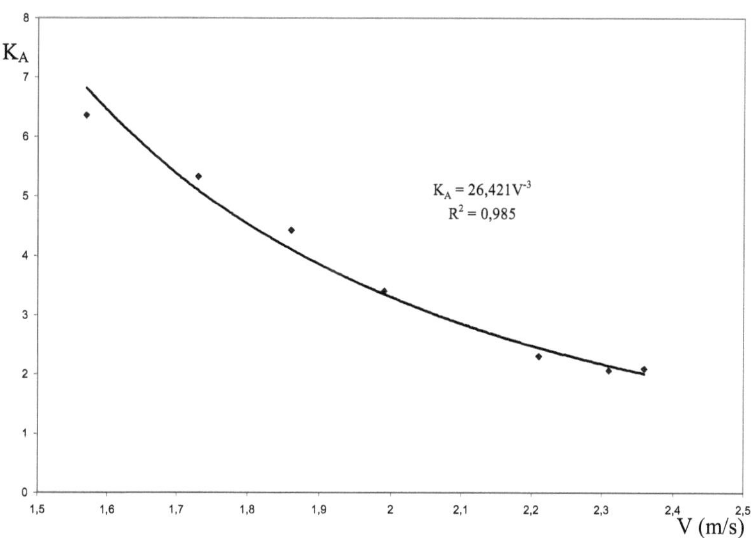

Şekil 5.8 Yersel kayıp katsayısının (K_A) hıza (V) bağlı olarak değişimi.

Tablo 5.5 II nolu hat girişinde hesaplanan yersel kayıplar.

Q	V_7	y_B	$\frac{P_7}{\gamma}$	$\frac{V_7^2}{2g}$	h_{kyB-7}	K_B
l/s	m/s	cm	cm	cm	cm	
8,32	2,21	3,5	-52	24,94	74,56	2,99
9,05	2,41	4,0	-58	29,51	76,49	2,59
10,60	2,82	4,5	-52	40,49	60,01	1,48
11,01	2,93	6,0	-59	43,68	65,32	1,50
11,20	2,98	4,5	-62	45,20	65,30	1,44
11,87	3,16	5,5	-64	50,77	62,73	1,24
12,09	3,22	4,5	-44	52,67	39,83	0,76
12,30	3,27	4,5	-57	54,51	50,99	0,94
12,76	3,39	4,5	-37	58,67	26,83	0,46
12,99	3,45	23,0	-44	60,80	50,20	0,83

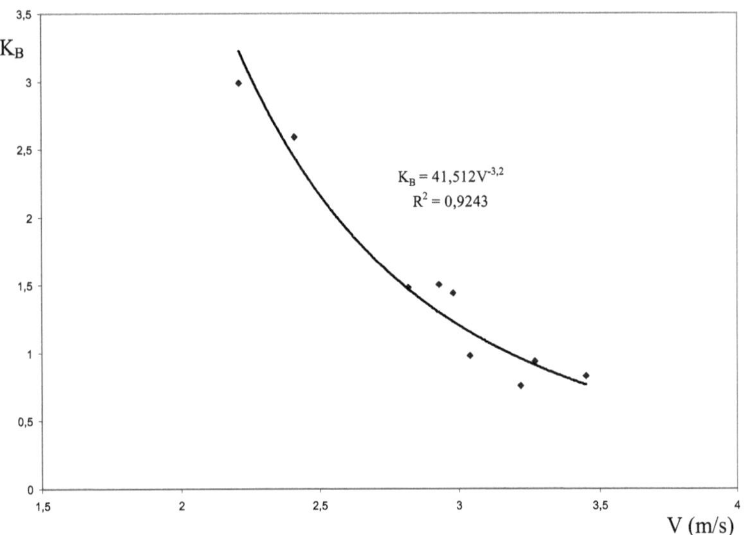

Şekil 5.9 Yersel kayıp katsayısının (K_B) hıza (V) bağlı olarak değişimi.

BÖLÜM ALTI

SİFONİK SİSTEMDE YAPILAN DENEYLERDE ÖLÇÜLEN BASINÇ YÜKSEKLİKLERİNİN TEORİK DEĞERLERLE KARŞILAŞTIRILMASI

6.1 I Numaralı Boru Hattında Yapılan Deneyler

Kanal membasında giriş elemanı ile bağlantılı I numaralı hattın profili Şekil 6.1'de gösterilmiştir. Boru hattı üzerindeki değişik noktaların geometrik konumları, karşılaştırma düzlemi boru çıkış ağzında olmak üzere (C noktası) Şekil 6.1 üzerinde verilmiştir.

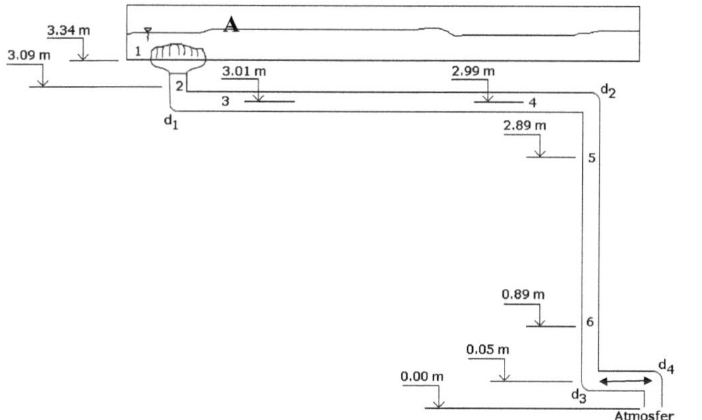

Şekil 6.1 I numaralı hat üzerindeki noktaların karşılaştırma düzlemine göre konumları.

Basıncın bilindiği herhangi bir nokta ile ölçüm noktası arasında enerji denklemi yazılarak ölçüm noktasında teorik olarak olması gereken basınç yüksekliği belirlenebilmektedir. Bu şekilde belirlenen teorik değerin, ölçülen deneysel değerlerle karşılaştırılmasının yapılması amaçlanmıştır.

A noktasında atmosfer basıncı olduğundan A ve 2 noktası arasında yazılan denklem ve 5. Bölümde hesaplanan yersek kayıp katsayıları yardımıyla 2 noktasında basınç yüksekliği belirlenmiştir. Böylece bilinen P_2/γ ve 2 ve 3 noktaları arasında yazılan denklem ile P_3/γ, 3 ve 4 noktaları arasında yazılan denklem ile P_4/γ, 4 ve 5 noktaları arasında yazılan denklem ile P_5/γ, 5 ve 6 noktaları arasında yazılan denklem ile P_6/γ hesaplanmıştır. Tüm hesaplarda 5. Bölümde deneysel olarak belirlenen sürekli ve yersel kayıp katsayı değerleri göz önüne alınmıştır.

6.1.1 2 numaralı noktadaki basınç yüksekliği

$$\frac{P_A}{\gamma}+\frac{V_A^2}{2g}+z_A=\frac{P_2}{\gamma}+\frac{V_2^2}{2g}+z_2+h_{kyA-2}$$

$P_A = P_{atm} = 0,\ V_A \cong 0$ ve $z_A = z_1 + y_A$

$$h_{kyA-2}=K_A\frac{V_2^2}{2g}$$

$$\frac{P_2}{\gamma}=z_A-\left(\frac{V_2^2}{2g}+z_1+y_A+K_A\frac{V_2^2}{2g}\right)$$

6.1.2 3 numaralı noktadaki basınç yüksekliği

$$\frac{P_2}{\gamma}+\frac{V_2^2}{2g}+z_2=\frac{P_3}{\gamma}+\frac{V_3^2}{2g}+z_3+h_{kydl}$$

$$V_2=V_3=V$$

$$h_{kydl}=K_{dd}\frac{V^2}{2g}$$

$$\frac{P_3}{\gamma}=\left(\frac{P_2}{\gamma}+z_2\right)-\left(z_3+K_{dd}\frac{V^2}{2g}\right)$$

6.1.3 4 numaralı noktadaki basınç yüksekliği

$$\frac{P_3}{\gamma}+\frac{V_3^2}{2g}+z_3=\frac{P_4}{\gamma}+\frac{V_4^2}{2g}+z_4+h_{k3-4}$$

$$V_3=V_4$$

$$h_{k3-4}=\frac{\lambda}{D}\frac{V_3^2}{2g}L_{3-4}$$

$$\frac{P_4}{\gamma}=\left(\frac{P_3}{\gamma}+z_3\right)-\left(z_4+\frac{\lambda}{D}\frac{V_3^2}{2g}L_{3-4}\right)$$

6.1.4 5 numaralı noktadaki basınç yüksekliği

$$\frac{P_4}{\gamma}+\frac{V_4^2}{2g}+z_4=\frac{P_5}{\gamma}+\frac{V_5^2}{2g}+z_5+h_{kyd2}$$

$$V_4=V_5=V$$

$$h_{kyd2}=K_{dd}\frac{V^2}{2g}$$

$$\frac{P_5}{\gamma}=\left(\frac{P_4}{\gamma}+z_4\right)-\left(z_5+K_{dd}\frac{V^2}{2g}\right)$$

6.1.5 6 numaralı noktadaki basınç yüksekliği

$$\frac{P_5}{\gamma}+\frac{V_5^2}{2g}+z_5=\frac{P_6}{\gamma}+\frac{V_6^2}{2g}+z_6+h_{k5-6}$$

$$V_5=V_6$$

$$h_{k5-6}=\frac{\lambda}{D}\frac{V_6^2}{2g}L_{5-6}$$

$$\frac{P_6}{\gamma}=\left(\frac{P_5}{\gamma}+z_5\right)-\left(z_6+h_{k5-6}\right)$$

6.1.6 Boru çıkışı C noktasındaki basınç yüksekliği

$$\frac{P_6}{\gamma}+\frac{V_6^2}{2g}+z_6=\frac{P_C}{\gamma}+\frac{V_C^2}{2g}+z_C+h_{kyd3}+h_{kyd4}+h_{d3-d4}$$

$$V_6=V_B=V$$

$$h_{kyd3}=K_{dd}\frac{V^2}{2g}\ \text{ve}\ h_{kyd4}=K_{dd}\frac{V^2}{2g}$$

$$h_{kd3-d4} = \frac{\lambda}{D}\frac{V^2}{2g}L_{d3-d4}$$

$$\frac{P_C}{\gamma} = \left(\frac{P_6}{\gamma} + z_6\right) - \left(\frac{V_C^2}{2g} + z_C + 2K_{dd}\frac{V^2}{2g} + \frac{\lambda}{D}\frac{V^2}{2g}L_{d3-d4}\right)$$

6.1.7 Sonuç Özet Tablosu

Deneyler esnasında I numaralı hat üzerindeki noktalarda ölçülen basınç yükseklikleri ile 5. Bölümde belirlenen λ sürtünme katsayıları Tablo 6.1'de verilmiştir. λ sürtünme katsayıları ve K yersel kayıp katsayıları kullanılarak elde edilen teorik basınç yükseklikleri Tablo 6.2'de verilmektedir.

Tablo 6.1 I numaralı hattın Re sayıları ve λ sürtünme katsayıları.

Q	V	$\frac{V^2}{2g}$	y_A	Re	λ
l/s	m/s	cm	cm		
4	1,06	5,77	3,0	$7{,}3\text{x}10^4$	0,031
4,35	1,16	6,82	3,0	$8{,}0\text{x}10^4$	0,028
5,64	1,50	11,46	4,0	$1{,}0\text{x}10^5$	0,02
5,64	1,50	11,46	4,5	$1{,}0\text{x}10^5$	0,02
5,92	1,57	12,63	4,0	$1{,}1\text{x}10^5$	0,019
6,52	1,73	15,32	4,5	$1{,}2\text{x}10^5$	0,016
6,98	1,86	17,56	4,7	$1{,}3\text{x}10^5$	0,015
7,47	1,99	20,11	5,0	$1{,}4\text{x}10^5$	0,014
8,32	2,21	24,94	6,5	$1{,}5\text{x}10^5$	0,013
8,68	2,31	27,15	6,5	$1{,}6\text{x}10^5$	0,012
8,86	2,36	28,29	20	$1{,}6\text{x}10^5$	0,012

Tablo 6.2 I numaralı hatta ait noktalarda ölçülen ve hesaplanan basınç yükseklikleri.

$\frac{P_2}{\gamma}$ cm		$\frac{P_3}{\gamma}$ cm		$\frac{P_4}{\gamma}$ cm		$\frac{P_5}{\gamma}$ cm		$\frac{P_6}{\gamma}$ cm		$\frac{P_C}{\gamma}$ cm	
teorik	ölçüm	teorik	ölçüm	teorik	ölçüm	teorik	ölçüm	teorik	ölçüm	teorik	ölçüm
-34,5	*-34,5*	-38	*-40,7*	-57	*-49,5*	-58	*0*	137	*10*	197	*0*
-46,5	*-46,5*	-52	*-58,7*	-72	*-67,5*	-76	*-23*	119	*45*	175	*0*
-62,0	*-62,0*	-77	*-68,7*	-101	*-103,5*	-114	*-85*	79	*53*	116	*0*
-75,5	*-75,5*	-90	*-77,7*	-115	*-114,5*	-128	*-92*	66	*22*	102	*0*
-64,0	*-64,0*	-81	*-71,7*	-107	*-103,5*	-122	*-60*	71	*9*	102	*0*
-67,5	*-67,5*	-90	*-75,7*	-116	*-108,5*	-137	*-73*	56	*20*	76	*0*
-65,5	*-65,5*	-93	*-78,2*	-121	*-115,5*	-146	*-82*	46	*23*	57	*0*
-58,5	*-58,5*	-91	*-75,7*	-121	*-119,5*	-151	*-87*	40	*27*	41	*0*
-50,9	*-50,9*	-93	*-73,9*	-128	*-122,9*	-168	*-85*	22	*30*	2	*0*
-51,5	*-51,5*	-98	*-76,7*	-133	*-124,5*	-178	*-73,3*	13	*38*	-16	*0*
-42,5	*-42,5*	-91	*-67,7*	-128	*-118,5*	-175	*-73*	15	*45*	-19	*0*

6.2 II Numaralı Boru Hattında Yapılan Deneyler

Kanal mansabında giriş elemanı ile bağlantılı II numaralı hattın profili Şekil 6.2'de gösterilmiştir. Boru hattı üzerindeki değişik noktaların geometrik konumları, karşılaştırma düzlemi boru çıkış ağzında olmak üzere (C noktası) Şekil 6.2 üzerinde verilmiştir.

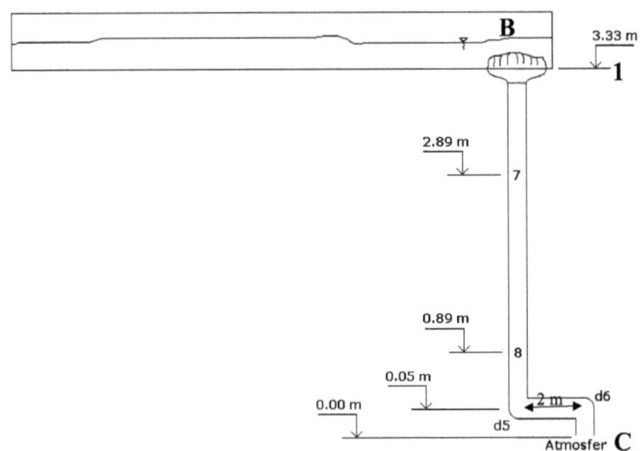

Şekil 6.2 II numaralı hat üzerindeki noktaların karşılaştırma düzlemine göre konumları.

6.2.1 7 numaralı noktadaki basınç yüksekliği

$$\frac{P_B}{\gamma}+\frac{V_B^2}{2g}+z_B=\frac{P_7}{\gamma}+\frac{V_7^2}{2g}+z_7+h_{kyB-7}$$

$P_B = P_{atm} = 0,\ V_B \cong 0$ ve $z_B = z_1 + y_B$

$$h_{kyB-7}=K_B\frac{V_7^2}{2g}$$

$$\frac{P_7}{\gamma}=z_B-\left(\frac{V_7^2}{2g}+z_1+y_B+K_B\frac{V_7^2}{2g}\right)$$

6.2.2 8 numaralı noktadaki basınç yüksekliği

$$\frac{P_7}{\gamma}+\frac{V_7^2}{2g}+z_7=\frac{P_8}{\gamma}+\frac{V_8^2}{2g}+z_8+h_{7-8}$$

$$V_7 = V_8 = V$$

$$h_{7-8} = \frac{\lambda}{D}\frac{V^2}{2g}L_{7-8}$$

$$\frac{P_8}{\gamma} = \left(\frac{P_7}{\gamma} + z_7\right) - \left(z_8 + \frac{\lambda}{D}\frac{V^2}{2g}L_{7-8}\right)$$

6.2.3 Boru çıkışı C noktasındaki basınç yüksekliği

$$\frac{P_8}{\gamma} + \frac{V_8^2}{2g} + z_8 = \frac{P_C}{\gamma} + \frac{V_C^2}{2g} + z_C + h_{kyd5} + h_{kyd6} + h_{kd5-d6}$$

$P_C = P_{atm} = 0$ ve $V_8 = V_C = V$

$$h_{kyd5} = K_{dd}\frac{V^2}{2g} \text{ ve } h_{kyd6} = K_{dd}\frac{V^2}{2g}$$

$$h_{kd5-d6} = \frac{\lambda}{D}\frac{V^2}{2g}L_{d5-d6}$$

$$\frac{P_C}{\gamma} = \left(\frac{P_8}{\gamma} + z_8\right) - \left(z_C + 2K_{dd}\frac{V^2}{2g} + \frac{\lambda}{D}\frac{V^2}{2g}L_{d5-d6}\right)$$

6.2.4 Sonuç Özet Tablosu

Deneyler esnasında II numaralı hat üzerindeki noktalarda ölçülen basınç yükseklikleri ile 5. Bölümde belirlenen λ sürtünme ve K yersel kayıp katsayıları kullanılarak elde edilen teorik basınç yükseklikleri Tablo 6.3'te verilmektedir.

Tablo 6.3 II numaralı hatta ait noktalarda ölçülen ve hesaplanan basınç yükseklikleri.

Q	V	$\frac{V^2}{2g}$	y_B	Re	λ	$\frac{P_7}{\gamma}$		$\frac{P_8}{\gamma}$		$\frac{P_C}{\gamma}$	
l/s	m/s	cm	cm			cm		cm		cm	
						teorik	ölçüm	teorik	ölçüm	teorik	ölçüm
8,32	2,21	24,94	3,5	$1,5x10^5$	0,013	-52	*-52*	139	*60*	118	*0*
9,05	2,41	29,51	4,0	$1,7x10^5$	0,011	-58	*-58*	133	*76*	94	*0*
10,60	2,82	40,49	4,5	$2,0x10^5$	0,015	-52	*-52*	130	*100*	40	*0*
11,01	2,93	43,68	6,0	$2,0x10^5$	0,015	-59	*-59*	122	*115*	17	*0*
11,44	3,04	47,16	4,5	$2,1x10^5$	0,009	-45	*-45*	143	*115*	31	*0*
11,87	3,16	50,77	5,5	$2,2x10^5$	0,009	-64	*-64*	123	*131*	-4	*0*
12,09	3,22	52,67	4,5	$2,2x10^5$	0,009	-44	*-44*	142	*125*	7	*0*
12,30	3,27	54,51	4,5	$2,3x10^5$	0,008	-57	*-57*	130	*85*	-11	*0*
12,76	3,39	58,67	4,5	$2,3x10^5$	0,008	-37	*-37*	149	*137*	-10	*0*
12,99	3,45	60,80	23,0	$2,4x10^5$	0,008	-44	*-44*	142	*154*	-26	*0*
13,20	3,51	62,78	30,0	$2,4x10^5$	0,008	-45	*-45*	140	*169*	-36	*0*

BÖLÜM YEDİ

SONUÇ VE ÖNERİLER

Bu çalışmada Dokuz Eylül Üniversitesi Mühendislik Fakültesi İnşaat Mühendisliği Bölümünde tesis edilen özgün bir deney düzeneği ile sifonik akım sağlayan çatı yağmur suyu drenaj sistemlerinde oluşan akımlar deneysel olarak araştırılmıştır. Üzerinde çalışılan deney düzeneğinde iki farklı giriş elemanı, yağmur suyu oluğunu temsil eden dikdörtgen kesitli bir kanalın iki ucuna monte edilmiştir. Sifonik yağmur suyu toplama sistemi 75 mm dış çapındaki HPDE boru ile tasarlanmıştır ve detay parçalar bu çapa uygundur. Farklı iki güzergah üzerinde basınç ölçümleri gerçekleştirilmiştir. Enerji kayıpları ile ilgili sürtünme katsayısı ve yersel kayıp katsayıları belirli debiler için ölçülmüş ve deneylerde oluşturulan debi değerlerini kapsayacak şekilde ekstrapolasyon yapılmıştır. Bu katsayılar kullanılarak yapılan teorik hesaplamalar ile bulunan basınç değerleri ölçülen basınç değerleri ile karşılaştırılmıştır.

Farklı debiler için gözlenen akımlar fotoğraflarla beraber kısaca anlatılmıştır. Akımın klasik akım türünden sifonik akım türüne geçtiği debi değerleri belirlenmiştir.

Boruda oluşan sürekli kayıplar ve dirseklerde oluşan yersel kayıplar 63 mm çaplı HPDE boru ile hazırlanan deney düzeneğinde ölçülmüştür. Deney düzeneğinde dar bir hız aralığında çalışıldığından farklı akım türlerinde sonuçlar elde edilememiştir. Hesaplanan sürtünme katsayıları literatürde HPDE borular için verilen genel değerlerden biraz farklı olup deneyin yapıldığı boruya özgü değerler olarak göz önüne alınmalıdır. 90°'lik dirsekler için elde edilen değerler de literatürde rastlanan aralıklarda olup kullanılan boru için geçerli olmak üzere belirlenmiştir.

Sifonik akımın şeffaf borularla gözlemlenmesi, basınçlı akım olarak kabul edilen sistemin tam olarak anlaşılmasını ve özellikle düşük debilerde oluşan farklı akım türlerinin ayırt edilmesini sağlayacaktır.

Basınç yüksekliği ölçümlerinde gözle yapılan piyezometre okumaları yerine akım parametrelerini elektronik cihazlar kullanılması uygun olacaktır. Böylece enerji kayıpları ile ilgili katsayılar daha sağlıklı belirlenebilecektir.

Sürtünme katsayısı ve yerel kayıp katsayıları değerlerinin daha geniş bir debi aralığında ölçülmesini sağlayacak bir deney sistemi geliştirilmesi uygun olacaktır. Böylece ekstrapolasyon yapılmasına gerek kalmayacak ölçülen değerler hesap yapılarak daha güvenilir sonuçlar elde edilecektir.

Sonuç olarak mevcut laboratuar imkanları ile yapılan deneylerde giriş elemanı ve devamında oluşturulan I ve II numaralı hatlar için sistemin çalışma aralığı belirlenmiştir. I numaralı hat için sistemin taşıyabileceği debi değeri 8,86 l/s, II numaralı hat için sistemin taşıyabileceği debi değeri 12,99 l/s'dir. Bu değerler benzer bir sistem için tasarım kriteri olarak kullanılabilir.

KAYNAKLAR

Bombar G. (2004). *Basamaklı dolusavaklar boyunca oluşan akımların teorik ve deneysel araştırılması.* İzmir: Dokuz Eylül Üniversitesi Fen Bilimleri Enstitüsü, Yüksek Lisans Tezi (Yöneten: Güney, M. Ş.).

Fullflow (2007). Fullflow siphonic drainage explained. http://www.fullflow.com/pages/syphonic-explained/

Gençgel, F. T. (2005). *Çatılardaki yağmur sularının negatif basınç sistemi ile drenajı ve hesaplama yöntemleri*. İstanbul: VI. Ulusal Tesisat Kongresi.

Güney, M. Ş. (2006). *Laboratuar uygulamalı hidrolik.* İzmir: Dokuz Eylül Üniversitesi Yayınları.

TSE (2005). *TS EN 1253-2 Süzgeçler - binalarda kullanılan Bölüm 2: Deney metotları.*

Ünsal, İ. (1978). *Değişken akımların hidroliği*. İstanbul: İstanbul Teknik Üniversitesi Yayınları.

EKLER

EK-1: POMPA TEKNİK ÖZELLİKLERİ

Standart Pompa ve Makina San.Tic.A.Ş.	SNK 100-200
POMPA TEKNİK ÖZELLİKLERİ	1450 d / d

Sayın:
Unite No:

Tarih: SNK 30.01.2004

Pompa Tipi.......:	SNK 100-200	Debi.(Q).............:	130,0 m3/h
Emme Ağız Capı...:	125 mm	Man.Yük............:	11,0 m
Basma Ağız Çapı..:	100 mm	Pompa Verimi....:	79,30 %
Çark Çapı........:	210 mm	Eff.GUÇ..............:	4,91 KW
Devir Sayısı.....:	1460 d/d	Max.Eff.GUÇ........:	5,43 KW
MOTOR Gücü.......:	5,5 KW	Hm.Max.(Q=0).....:	14,00 m
Pompanin Ağırlığı:	80 Kg	NPEYG.(NPSH)Rq:	2,35 m

KARAKTERİSTİK EĞRİLER

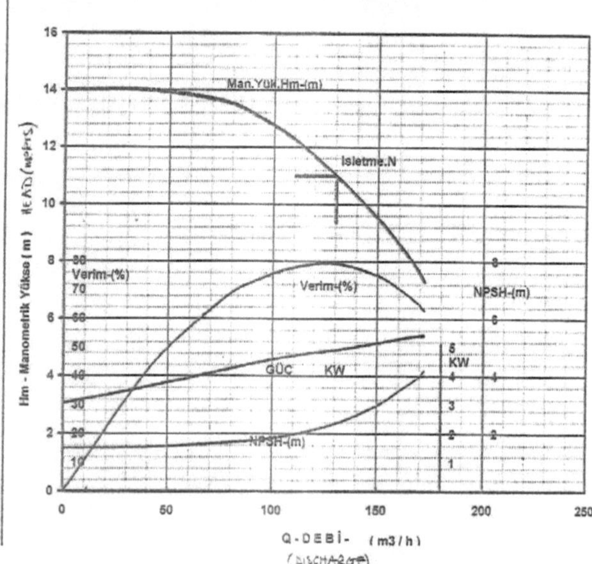

EK-2: MOODY DİYAGRAMI

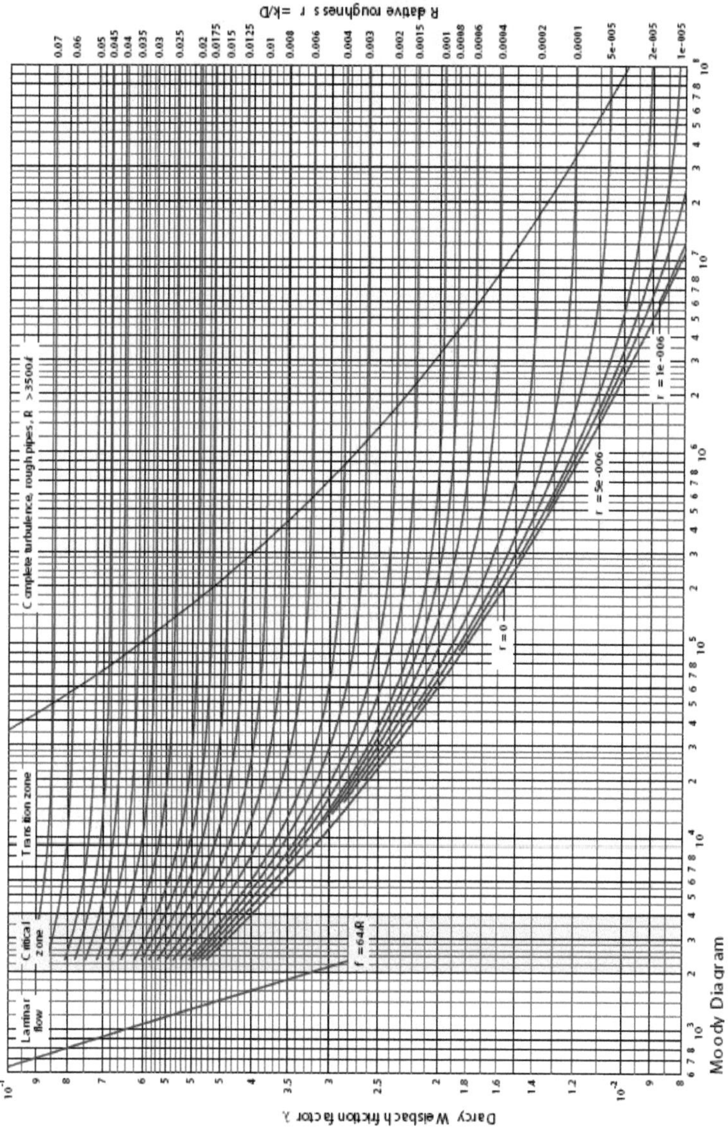

EK-3: I NUMARALI HATTA HESAPLANAN VE ÖLÇÜLEN PİYEZOMETRE YÜKSEKLİKLERİ

Q	V	$\frac{V^2}{2g}$	y_A	Re	λ	$\frac{P_2}{\gamma}+z_2$		h_{dirsek}	$\frac{P_3}{\gamma}+z_3$		L=8m	$\frac{P_4}{\gamma}+z_4$		h_{dirsek}	$\frac{P_5}{\gamma}+z_5$		L=2m	$\frac{P_6}{\gamma}+z_6$		$2xh_{dirsek}$ L=2m	$\frac{P_c}{\gamma}+z_c$	
l/s	m/s	cm	cm			cm		cm	cm		cm	cm		cm	cm		cm	cm		cm	cm	
						teorik	ölçüm		teorik	ölçüm		teorik	ölçüm		teorik	ölçüm		teorik	ölçüm		teorik	ölçüm
4	1,06	5,77	3,0	$7,3x10^4$	0,031	274.5	*274.5*	11.5	263	*260*	21	242	*250*	11	231	*289*	5	226	*99*	29	197	*0*
4,35	1,16	6,82	3,0	$8,0x10^4$	0,028	262.5	*262.5*	13.6	249	*242*	22	227	*232*	14	213	*266*	5	208	*134*	33	175	*0*
5,64	1,50	11,46	4,0	$1,0x10^5$	0,020	247	*247*	22.9	224	*232*	26	198	*196*	23	175	*204*		168	*142*	52	116	*0*
5,64	1,50	11,46	4,5	$1,0x10^5$	0,020	233.5	*233.5*	22.9	211	*223*	27	184	*185*	23	161	*197*	6	155	*111*	53	102	*0*
5,92	1,57	12,63	4,0	$1,1x10^5$	0,019	245	*245*	25.3	220	*229*	28	192	*196*	25	167	*229*	7	160	*98*	58	102	*0*
6,52	1,73	15,32	4,5	$1,2x10^5$	0,016	241.5	*241.5*	30.6	211	*225*	28	183	*191*	31	152	*216*	7	145	*109*	69	76	*0*
6,98	1,86	17,56	4,7	$1,3x10^5$	0,015	243.5	*243.5*	35.1	208	*223*	30	178	*184*	35	143	*207*	8	135	*112*	78	57	*0*
7,47	1,99	20,11	5,0	$1,4x10^5$	0,014	250.5	*250.5*	40.2	210	*225*	32	178	*180*	40	138	*202*	9	129	*116*	88	41	*0*
8,32	2,21	24,94	6,5	$1,5x10^5$	0,013	258.1	*258.1*	49.9	208	*227*	37	171	*176*	50	121	*204*	10	111	*119*	109	2	*0*
8,68	2,31	27,15	6,5	$1,6x10^5$	0,012	257.5	*257.5*	54.3	203	*224*	37	166	*175*	55	111	*216*	9	102	*127*	118	-16	*0*
8,86	2,36	28,29	20	$1,6x10^5$	0,012	266.5	*266.5*	56.6	210	*233*	39	171	*181*	57	114	*216*	10	104	*134*	123	-19	*0*

EK-4: II NUMARALI HATTA HESAPLANAN VE ÖLÇÜLEN PİYEZOMETRE YÜKSEKLİKLERİ

Q	V	$\frac{V^2}{2g}$	y_B	Re	λ	$\frac{P_7}{\gamma}+z_7$		L=2m	$\frac{P_8}{\gamma}+z_8$		$2xh_{dirsek}$ L=2m	$\frac{P_c}{\gamma}+z_c$	
l/s	m/s	cm	cm			cm		cm	cm		cm	cm	
						teorik	ölçüm		teorik	ölçüm		teorik	ölçüm
8,32	2,21	24,94	3,5	$1{,}5x10^5$	0,013	237	237	9.4	228	*149*	109	118	*0*
9,05	2,41	29,51	4,0	$1{,}7x10^5$	0,011	231	231	9.4	222	*165*	128	94	*0*
10,60	2,82	40,49	4,5	$2{,}0x10^5$	0,015	237	237	17.6	219	*189*	179	40	*0*
11,01	2,93	43,68	6,0	$2{,}0x10^5$	0,015	230	230	18.9	211	*204*	194	17	*0*
11,44	3,04	47,16	4,5	$2{,}1x10^5$	0,009	244	244	12.3	232	*204*	201	31	*0*
11,87	3,16	50,77	5,5	$2{,}2x10^5$	0,009	225	225	13.2	212	*220*	216	-4	*0*
12,09	3,22	52,67	4,5	$2{,}2x10^5$	0,009	245	245	13.7	231	*214*	224	7	*0*
12,30	3,27	54,51	4,5	$2{,}3x10^5$	0,008	232	232	12.6	219	*174*	230	-11	*0*
12,76	3,39	58,67	4,5	$2{,}3x10^5$	0,008	252	252	13.6	238	*226*	248	-10	*0*
12,99	3,45	60,80	23,0	$2{,}4x10^5$	0,008	245	245	14.1	231	*243*	257	-26	*0*
13,20	3,51	62,78	30,0	$2{,}4x10^5$	0,008	244	244	14.5	229	*258*	265	-36	*0*

Printed by Books on Demand GmbH, Norderstedt / Germany